Gerhard Kempter und Mitarbeiter

Organisch-chemisches Praktikum

uni—text

Gerhard Kempter und Mitarbeiter

Organisch-chemisches Praktikum

Studienbuch
für Chemiker, Biologen, Pharmazeuten und Mediziner
ab 3. Semester

Friedr. Vieweg + Sohn · Braunschweig
C. F. Winter'sche Verlagshandlung · Basel

Mitarbeiter:

Dr. H. Gentsch, Dr. D. Heilmann, Dr. D. Henning, Dr. J. Kandler,
Dr. G. Neunherz, Dr. D. Rehbaum, Dr. G. Sarodnick, Dr. H. Schäfer,
Dr. J. Spindler, Dr. G. Zeiger

ISBN 3 528 03540 4

1971

Alle Rechte an dieser Ausgabe beim
VEB Deutscher Verlag der Wissenschaften, Berlin
Lizenzausgabe mit Genehmigung des VEB Deutscher Verlag der Wissenschaften, Berlin
für Friedr. Vieweg + Sohn GmbH, Verlag, Braunschweig
Gesamtherstellung: VEB Druckhaus „Maxim Gorki", Altenburg
Umschlaggestaltung: Peter Kohlhase, Lübeck
Printed in the German Democratic Republic

Vorwort

Naturwissenschaftlern und Medizinern, zu deren Ausbildung auch ein organisch-chemisches Praktikum gehört, das hierfür notwendige Rüstzeug zu bieten: das ist die Aufgabe dieses Studienbuches. Auf Grund dieser Zielsetzung enthält das Praktikum nur den für den genannten Studentenkreis erforderlichen Stoff, d. h., es entstand ein Buch ohne Ballast.
Der einleitende Abschnitt befaßt sich mit dem Aufbau einfachster Apparaturen. Die grundlegenden Regeln des Arbeits- und Brandschutzes kommen dabei ebenfalls zur Sprache. Der Inhalt dieser Kapitel mag trivial anmuten, jedoch ist seine Kenntnis nach allen Erfahrungen eine Grundvoraussetzung für den zügigen und ungestörten Ablauf des gesamten Praktikums. Der folgende Abschnitt macht den Studenten mit sehr wichtigen organisch-chemischen Arbeitsmethoden bekannt. Dabei sind nur solche Arbeitsgeräte erforderlich, die in jedem chemischen Praktikum vorhanden sein sollten. Die anschließenden Abschnitte enthalten, geordnet nach der Art des Reaktionsablaufs, Vorschriften zur Präparation zahlreicher organischer Substanzen. Hierbei werden nur solche Chemikalien als Ausgangsprodukte verwendet, die im Handel sind bzw. von Studenten im Rahmen eines anderen Versuchs selbst hergestellt werden. Eine Anleitung soll das Studium der chemischen Fachliteratur erleichtern. Es schließt sich eine Anleitung zur Identifizierung und Trennung von gemischten organischen Substanzen an, die dem Studenten erfahrungsgemäß bei geringem Zeitaufwand einen guten Einblick in organisch-chemische Zusammenhänge ermöglicht.
Da heute keine chemischen Untersuchungen mehr sinnvoll und ökonomisch ohne die Kenntnis und Anwendung spektroskopischer Arbeitsmethoden durchführbar sind, werden auch dafür die einfachsten theoretischen Grundlagen und zahlreiche Übungsbeispiele aufgenommen, die jedoch nicht das Vorhandensein der entsprechenden Meßgeräte voraussetzen. Den Abschluß bildet ein Verzeichnis aller benötigten Chemikalien. Das gesamte Praktikum ist in 85 jeweils maximal vierständige Übungen gegliedert.

Selbstverständlich wird es auch für dieses Praktikum noch Verbesserungsmöglichkeiten geben. Die Verfasser sind in dieser Hinsicht allen Fachkollegen und Studenten für kritische Hinweise dankbar.

Potsdam, im Februar 1971　　　　　　　　　　　　　　Der Verlag und die Autoren

Inhaltsverzeichnis

1. **Gerätekunde ($Ü_1$)** 13
   - 1.1. Auf- und Abbau einer Apparatur 13
   - 1.2. Heizen 14
   - 1.3. Kühlen 15
   - 1.4. Rühren 15
   - 1.5. Trocknen 16
   - 1.6. Standardapparaturen 17
   - 1.7. Reinigung der Glasgeräte 19

2. **Arbeits- und Brandschutz ($Ü_2$)** 20
   - 2.1. Arbeitsschutz 20
   - 2.2. Brandschutz 22
   - 2.2.1. Vorbeugende Maßnahmen 22
   - 2.2.2. Verhalten bei Bränden 23
   - 2.3. Gefährliche Chemikalien 23

3. **Allgemeine Arbeitsmethoden ($Ü_3 - Ü_{10}$)** 28
   - 3.1. Schmelzpunkt und Mischschmelzpunkt ($Ü_3$) 28
   - 3.1.1. Theoretische Grundlagen 28
   - 3.1.2. Arbeitstechnik 31
   - 3.1.3. Aufgabenstellung 33
   - 3.1.4. Kontrollfragen 34
   - 3.2. Kristallisation ($Ü_4$) 35
   - 3.2.1. Theoretische Grundlagen 35
   - 3.2.2. Arbeitstechnik 38
   - 3.2.2.1. Auswahl des Lösungsmittels 38
   - 3.2.2.2. Durchführung der Umkristallisation 39

3.2.3. Aufgabenstellung 39
3.2.4. Kontrollfragen 39

3.3. Vakuumsublimation ($\ddot{U}_5$) 40
3.3.1. Theoretische Grundlagen 40
3.3.2. Arbeitstechnik. 41
3.3.3. Aufgabenstellung 42
3.3.4. Kontrollfragen 42

3.4. Einfache Destillation unter Normaldruck bzw. im Vakuum ($\ddot{U}_6$) 43
3.4.1. Theoretische Grundlagen 43
3.4.2. Arbeitstechnik. 46
3.4.2.1. Destillation unter Normaldruck 46
3.4.2.2. Vakuumdestillation 47
3.4.3. Aufgabenstellung 48
3.4.4. Kontrollfragen 48

3.5. Rektifikation ($\ddot{U}_7$) 49
3.5.1. Theoretische Grundlagen 49
3.5.2. Arbeitstechnik. 52
3.5.2.1. Rektifikation unter Normaldruck. 52
3.5.2.2. Rektifikation im Vakuum 53
3.5.3. Aufgabenstellung 54
3.5.4. Kontrollfragen 55

3.6. Wasserdampfdestillation und Extraktion ($\ddot{U}_8$) 55
3.6.1. Theoretische Grundlagen 55
3.6.1.1. Wasserdampfdestillation. 55
3.6.1.2. Extraktion 57
3.6.2. Arbeitstechnik. 57
3.6.2.1. Wasserdampfdestillation. 57
3.6.2.2. Extraktion 58
3.6.3. Aufgabenstellung 59
3.6.4. Kontrollfragen 60

3.7. Dünnschichtchromatographie ($\ddot{U}_9$) 60
3.7.1. Theoretische Grundlagen 60
3.7.2. Arbeitstechnik. 62
3.7.3. Aufgabenstellung 64
3.7.4. Kontrollfragen 65

3.8. Säulenchromatographie und Brechung ($\ddot{U}_{10}$) 65
3.8.1. Theoretische Grundlagen 65
3.8.2. Arbeitstechnik. 66
3.8.2.1. Arbeitstechnik der Säulenchromatographie 66
3.8.2.2. Arbeitstechnik der Refraktometrie 67
3.8.3. Aufgabenstellung 68
3.8.4. Kontrollfragen 68

4. Organische Synthese ($Ü_{11}$–$Ü_{42}$) 69

4.1. Radikalische Substitution an Alkanen ($Ü_{11}$–$Ü_{12}$) 69
4.1.1. Theoretische Grundlagen 69
4.1.2. Arbeitsvorschriften 71
4.1.2.1. Benzylbromid ($Ü_{11}$) 71
4.1.2.2. 3-Brom-cyclohexen ($Ü_{12}$) 72
4.1.3. Kontrollfragen 73

4.2. Nucleophile Substitution am gesättigten Kohlenstoffatom ($Ü_{13}$–$Ü_{15}$) 73
4.2.1. Theoretische Grundlagen 73
4.2.2. Arbeitsvorschriften 74
4.2.2.1. n-Hexyljodid ($Ü_{13}$) 74
4.2.2.2. Nitrohexan und Salpetrigsäurehexylester ($Ü_{14}$) 75
4.2.2.3. Triphenylcarbinol ($Ü_{15}$) 75
4.2.3. Kontrollfragen 75

4.3. Eliminierung ($Ü_{16}$–$Ü_{17}$) 76
4.3.1. Theoretische Grundlagen 76
4.3.2. Arbeitsvorschriften 78
4.3.2.1. Cyclohexen ($Ü_{16}$) 78
4.3.2.2. Cyclohexadien-(1.3) ($Ü_{17}$) 78
4.3.3. Kontrollfragen 78

4.4. Elektrophile Addition an Alkene ($Ü_{18}$–$Ü_{19}$) 79
4.4.1. Theoretische Grundlagen 79
4.4.2. Arbeitsvorschriften 80
4.4.2.1. 1.2-trans-Dibromcyclohexan ($Ü_{18}$) 80
4.4.2.2. DIELS-ALDER-Addukt ($Ü_{19}$) 81
4.4.3. Kontrollfragen 81

4.5. Radikalische Addition an Alkene ($Ü_{20}$) 81
4.5.1. Theoretische Grundlagen 81
4.5.2. Arbeitsvorschrift für 1.3-Dibrompropan ($Ü_{20}$) 82
4.5.3. Kontrollfragen 82

4.6. Elektrophile Substitution an Aromaten ($Ü_{21}$–$Ü_{25}$) 83
4.6.1. Theoretische Grundlagen 83
4.6.2. Arbeitsvorschriften 84
4.6.2.1. 2.4-Dinitro-chlorbenzol ($Ü_{21}$) 84
4.6.2.2. p-Acetamino-benzolsulfochlorid ($Ü_{22}$) 84
4.6.2.3. Methylorange (Helianthin) ($Ü_{23}$) 85
4.6.2.4. Triphenylmethylchlorid (Tritylchlorid) ($Ü_{24}$) 85
4.6.2.5. m-Brombenzoesäure ($Ü_{25}$) 86
4.6.3. Kontrollfragen 86

4.7. Nucleophile Substitution am aktivierten Aromaten ($Ü_{26}$) 86
4.7.1. Theoretische Grundlagen 86
4.7.2. Arbeitsvorschrift für 2.4-Dinitrophenylhydrazin ($Ü_{26}$) . . . 87
4.7.3. Kontrollfragen 87

4.8. Nucleophile Reaktionen an Aldehyden und Ketonen ($\text{Ü}_{27}-\text{Ü}_{29}$) 88
4.8.1. Theoretische Grundlagen 88
4.8.2. Arbeitsvorschriften 90
4.8.2.1. Acetessigsäureäthylester-äthylenketal (Ü_{27}) 90
4.8.2.2. Cyclohexanonoxim (Ü_{28}) 90
4.8.2.3. Dibenzalaceton (Ü_{29}) 91
4.8.3. Kontrollfragen 91

4.9. Nucleophile Reaktionen an Carbonsäuren und ihren Derivaten ($\text{Ü}_{30}-\text{Ü}_{32}$) 91
4.9.1. Theoretische Grundlagen 91
4.9.2. Arbeitsvorschriften 93
4.9.2.1. Benzoesäureäthylester (Ü_{30}) 93
4.9.2.2. Cyanacetamid (Ü_{31}) 93
4.9.2.3. Phenylessigsäure (Ü_{32}) 94
4.9.3. Kontrollfragen 94

4.10. Umlagerungen ($\text{Ü}_{33}-\text{Ü}_{34}$) 94
4.10.1. Theoretische Grundlagen 94
4.10.2. Arbeitsvorschriften 95
4.10.2.1. ε-Caprolactam (Ü_{33}) 95
4.10.2.2. Tetrahydrocarbazol (Ü_{34}) 96
4.10.3. Kontrollfragen 96

4.11. Polymerisation ($\text{Ü}_{35}-\text{Ü}_{36}$) 96
4.11.1. Theoretische Grundlagen 96
4.11.2. Arbeitsvorschriften 98
4.11.2.1. Polystyrol (Ü_{35}) 98
4.11.2.2. Polyacrylnitril (Ü_{36}) 99
4.11.3. Kontrollfragen 99

4.12. Hydrierung ($\text{Ü}_{37}-\text{Ü}_{38}$) 100
4.12.1. Theoretische Grundlagen 100
4.12.2. Arbeitsvorschriften 101
4.12.2.1. RANEY-Nickel-Katalysator (Ü_{37}) 101
4.12.2.2. Anilin (Ü_{38}) 101
4.12.3. Kontrollfragen 102

4.13. Oxydation und Dehydrierung ($\text{Ü}_{39}-\text{Ü}_{42}$) 102
4.13.1. Theoretische Grundlagen 102
4.13.1.1. Oxydation von Kohlenwasserstoffen 103
4.13.1.2. Oxydation von Alkoholen und Aldehyden 103
4.13.1.3. Oxydation von Aromaten zu Chinonen 104
4.13.1.4. Dehydrierung 104
4.13.2. Arbeitsvorschriften 105
4.13.2.1. Aromatische Carbonsäuren (Ü_{39}) 105
4.13.2.2. Cyclohexanon-phenylhydrazon (Ü_{40}) 105
4.13.2.3. Anthrachinon (Ü_{41}) 106
4.13.2.4. Carbazol (Ü_{42}) 106
4.13.3. Kontrollfragen 107

5. Anleitung zum Literaturstudium ($Ü_{43}$) 108
    5.1. Lehrbücher 108
    5.2. Präparative Handbücher und Methodensammlungen 109
    5.3. Referatenorgane 110
    5.4. Originalliteratur 112

6. Identifizierungen ($Ü_{44}-Ü_{59}$) 113
    6.1. Identifizierung von reinen Substanzen 115

        6.1.1. Vorproben 115
        6.1.1.1. Brennprobe 115
        6.1.1.2. BEILSTEIN-Probe 116
        6.1.1.3. LASSAIGNE-Probe 116
        6.1.1.4. Reaktion mit Schwefelsäure 116
        6.1.1.5. BAEYER-Probe 117
        6.1.1.6. Reaktion mit Brom 117
        6.1.1.7. Bestimmung der Löslichkeit 117

        6.1.2. Charakterisierung der Substanzen 118
        6.1.2.1. Säureanhydride und -halogenide 118
        6.1.2.2. Säuren 118
        6.1.2.3. Amine 119
        6.1.2.4. Phenole, Enole 119
        6.1.2.5. Alkohole 119
        6.1.2.6. Aldehyde 120
        6.1.2.7. Ester 120
        6.1.2.8. Ketone 120
        6.1.2.9. Nitrile und Amide 120
        6.1.2.10. Nitroverbindungen 121
        6.1.2.11. Halogenkohlenwasserstoffe 121
        6.1.2.12. Kohlenwasserstoffe 121

        6.1.3. Darstellung von Derivaten 122
        6.1.3.1. Hydroxyverbindungen 122
        6.1.3.1.1. Alkohole 122
        6.1.3.1.2. Phenole 123
        6.1.3.2. Aldehyde und Ketone 124
        6.1.3.3. Carbonsäuren und Derivate 125
        6.1.3.3.1. Carbonsäuren 125
        6.1.3.3.2. Säureanhydride und -chloride 126
        6.1.3.3.3. Carbonsäureester 126
        6.1.3.3.4. Säureamide, -imide und -nitrile 127
        6.1.3.4. Amine und Nitroverbindungen 127
        6.1.3.4.1. Primäre und sekundäre Amine 127
        6.1.3.4.2. Tertiäre Amine 129
        6.1.3.4.3. Nitroverbindungen 129
        6.1.3.5. Kohlenwasserstoffe und Halogenkohlenwasserstoffe . . 130

6.1.3.5.1. Aliphatische Halogenkohlenwasserstoffe 130
6.1.3.5.2. Aromatische Halogenkohlenwasserstoffe 131
6.1.3.5.3. Aromatische Kohlenwasserstoffe 132

6.2. Trennung von Gemischen 132
6.2.1. Destillation 132
6.2.2. Extraktion 133
6.2.3. Wasserdampfdestillation 135
6.2.4. Tabellen 7 bis 20 136

7. UVS- und IR-Spektroskopie ($Ü_{60}-Ü_{85}$) 148

7.1. Theoretische Grundlagen absorptionsspektroskopischer Methoden 148

7.2. UVS-Spektroskopie 150
7.2.1. Theoretische Grundlagen 150
7.2.2. Auswertung von UVS-Spektren 152
7.2.3. Übungen zur UVS-Spektroskopie ($Ü_{60}-Ü_{67}$) 154
7.2.4. Lösungen 170

7.3. IR-Spektroskopie 176
7.3.1. Theoretische Grundlagen 176
7.3.2. Einfache Anwendungen der IR-Spektroskopie 177
7.3.3. Übungen zur IR-Spektroskopie ($Ü_{68}-Ü_{85}$) 177
7.3.4. Lösungen 190

7.4. Kontrollfragen 191

8. Chemikalienverzeichnis 192

9. Namen- und Sachverzeichnis 195

1. Gerätekunde

1.1. Auf- und Abbau einer Apparatur

Die meisten chemischen Reaktionen im Praktikum werden in Glasgefäßen bzw. Glasapparaturen durchgeführt, die vom Praktikanten zu Beginn der Übung aus handelsüblichen Glasgeräten aufgebaut werden.

Es werden Schliffgeräte verwendet, die vorzugsweise mit Kegelschliffen der Größe NS 14,5 (= laut TGL Normalschliff mit maximalem Durchmesser 14,5 mm) bzw. NS 29 versehen sind.

Bild 1 zeigt eine einfache Destillationsapparatur, die aus dem Destillationskolben (a), dem CLAISEN-Aufsatz (b) mit Siedekapillare (c) und Thermometer (d), dem LIEBIG-Kühler (e), dem Vorstoß (f) und der Vorlage (g) besteht.

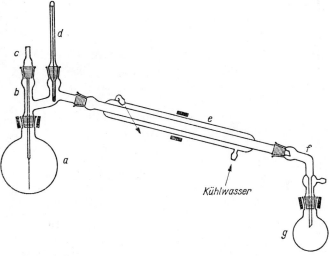

Bild 1   Destillationsapparatur

Die Schliffkerne bzw. -hülsen (Bild 2) der einzelnen Glasgeräte (a) bis (g) sind vor dem Aufbau der Apparatur zu fetten, und zwar bei Vakuumapparaturen mit RAMSAY-Fett („mittel" oder „zäh"), für Arbeiten unter Normaldruck mit Vaseline.

 Bild 2 Schliffkern bzw. -hülse

Das Schmiermittel ist auf Kern bzw. Hülse so aufzutragen, daß beim Zusammenfügen der leicht erwärmten Bauteile — dies sollte unter leichtem Druck und Drehen erfolgen — eine klar durchsichtige Schliffverbindung entsteht, aber keinesfalls Schmiermittel aus den Schliffen herausgedrückt wird.

Sollten sich beim Abbau einer Apparatur Schliffverbindungen nicht lösen, so hilft meist gelindes Erwärmen (Brandschutzbestimmungen beachten!) oder leichtes Klopfen mit einem Stück Holz an der Wulst des Schliffs.

Die in Bild 1 dargestellte Apparatur wird mit Hilfe von drei Metallstativen sowie den nötigen Klemmen und Kreuzmuffen standfest aufgebaut.

Es ist dabei auf den sicheren Stand der Stative, die spannungsfreie Halterung an zwei Punkten (am Schliff der Kolben (a) und (f), zur Sicherung eine lockere Klammerung des Kühlers (e)) und einen möglichst ästhetischen Anblick der Apparatur (z. B. Thermometer, Kühler usw. sollten genau senkrecht stehen) zu achten. Ehe man Schläuche anschließt, die zur Kühlwasserzufuhr bzw. -ableitung oder zum Zwecke des Evakuierens (Vakuumschlauch) benutzt werden, sind die entsprechenden Glasoliven (z. B. am Kühler (e) oder dem Vorstoß (f)) mit Glycerin zu bestreichen.

Schläuche, die sich beim Abbau einer Apparatur nicht leicht abziehen lassen, sind abzuschneiden, um Glasschäden und eventuelle Verletzungen zu vermeiden.

1.2. Heizen

In den Übungen ist in der Regel die Art der Wärmezufuhr angegeben. Das Erwärmen einer organischen Substanz in einem Glaskolben oder einem anderen größeren Glasgefäß mit der direkten Gasflamme ist grundsätzlich untersagt. Lediglich der Inhalt von Reagenzgläsern kann unter ständigem Schütteln auf diese Art erhitzt werden.

Eine schonende Erwärmung erfolgt im *Wasserbad* (mit Wasser gefülltes Becherglas, Bild 3a, oder elektrisch beheiztes Wasserbad mit Wasserstandsregler) oder im

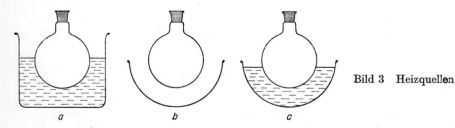

Bild 3 Heizquellen

1.4. Rühren

Luftbad (der Kolben wird von der direkten Flamme durch ein Asbestdrahtnetz oder besser durch eine Metallschale abgeschirmt, Bild 3 b).
Mit sauberem Öl gefüllte Metallschalen (Ölbäder, Bild 3c) gestatten ein Erhitzen auf 200 bis 250 °C.
Als äußerst vorteilhafte Badfüllung erweist sich Polyäthylenoxidharz (VEB Chemische Werke Buna), das wasserlöslich ist und eine bequeme Reinigung der Reaktionsgefäße gestattet.
Öl- und *Harzbäder* sind mit Thermometer auszurüsten, um gefährliche Überhitzungen zu vermeiden!

1.3. Kühlen

Wasser und *Eis* sind gebräuchliche Kühlmittel. Von *Leitungswasser* durchströmte Kühler (Bild 4a Kugelkühler, 4b LIEBIG-Kühler, 4c DIMROTH-Kühler) bewirken bei Rückflußoperationen bzw. Destillationen die Kondensation des Lösungsmittels bzw. des Destillats.

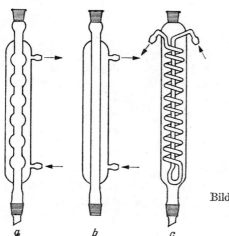

Bild 4 Kühler

Reaktionsgefäße oder Vorlagen werden bei manchen Operationen mit *Eis* oder einer *Kältemischung* (zerkleinertes Eis/Industriesalz = 3 : 1; Temperaturen bis −20°C) gekühlt.

1.4. Rühren

Das Rühren ist bei Reaktionen mit mehreren Phasen, beim Zutropfen einer Komponente oder bei vorhandenem Bodenkörper erforderlich, um eine gute Durchmischung zu erreichen bzw. Siedeverzüge zu verhindern.

Bei kurzzeitigem Erhitzen im offenen Gefäß genügt meist *manuelles Rühren* mit einem Glasstab. Ist ein Rühren über einen längeren Zeitraum oder in einem geschlossenen Gefäß vorgeschrieben, verwendet man einen mit Paraffin- oder Ricinusöl geschmierten *KPG-Rührer* (kerngezogenes Präzisions-Glasgerät, Bild 5a), der von einem *Rührmotor* angetrieben wird. Um einen Bruch zu vermeiden, sind sowohl der

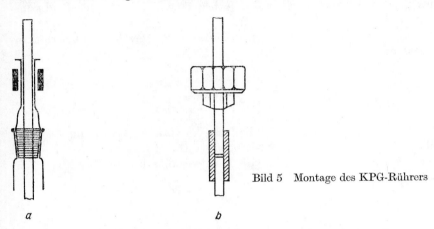

Bild 5   Montage des KPG-Rührers

a   *b*

Kolbenschliff als auch die Rührerhülse mit einer Stativklemme zu sichern (Bild 5a). Die Rührerwelle wird mit einem in das Spannfutter des Rührmotors eingesetzten kurzen Glasstab durch einen etwa 5 cm langen Gummischlauch verbunden, wodurch die Apparatur an Starrheit verliert (Bild 5b).

1.5.   Trocknen

Das Trocknen *fester Substanzen* kann innerhalb eines vierstündigen Praktikums nicht mit den sonst üblichen Methoden (*Trockenpistole, Trockenschrank*) erfolgen. Eine für die Anforderungen des Grundpraktikums ausreichende Methode ist das Trocknen auf Tonplatten.

Man drückt die von flüssigen Bestandteilen durch Filtrieren oder Absaugen grob befreite Substanz mit dem Spatel fest auf eine Tonplatte und wiederholt diese Operation in Abständen mehrmals.

Soll laut Vorschrift eine durch Extraktion einer wäßrigen Phase anfallende *organische Lösung* mit einem vorgeschriebenen Trockenmittel (z. B. Na_2SO_4, $CaCl_2$, K_2CO_3) getrocknet werden, so gibt man zu der in einem Becherglas oder einem Scheidetrichter befindlichen Lösung unter Rühren bzw. Schütteln in Abständen kleinere Mengen des pulverisierten Trockenmittels.

Scheidet sich dabei eine wäßrige Phase ab, so wird sie abgetrennt. Zur organischen Phase wird solange Trockenmittel in kleinen Portionen zugegeben, bis es im Überschuß als Pulver, d. h.

nicht mehr unter Klumpenbildung, vorhanden ist. Anschließend wird die trockene Lösung abfiltriert.

Gase werden getrocknet, indem man sie durch Waschflaschen leitet, die das vorgeschriebene Trockenmittel (z. B. konz. H_2SO_4) enthalten.

1.6. Standardapparaturen

Die für die Übungen $Ü_3$ bis $Ü_{10}$ benötigten Apparaturen werden im entsprechenden Kapitel beschrieben.

Für die Übungen $Ü_{11}$ bis $Ü_{42}$ wird meist eine der folgenden fünf Standardapparaturen benötigt, deren Aufbau und Funktion deshalb anschließend erläutert werden.

Standardapparatur 1 (Bild 6): Sie wird zur Umkristallisation sowie für solche Reaktionen benötigt, die durch längeres Sieden am Rückfluß bewirkt werden.

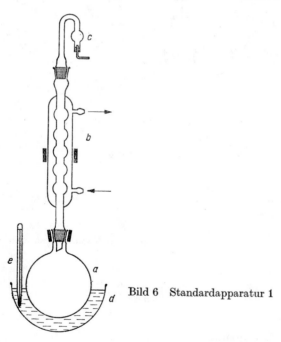

Bild 6   Standardapparatur 1

Die Apparatur besteht aus einem Rundkolben (*a*) mit Rückflußkühler (*b*) und Trockenrohr (*c*) und befindet sich in einem Ölbad (*d*), dessen Temperatur am Thermometer (*e*) kontrolliert wird. Es ist zu gewährleisten, daß das Trockenrohr (*c*) nicht durch das Trockenmittel, z. B. $CaCl_2$, verstopft ist.

Der Kolben (*a*) wird am Schliff eingespannt, der Kühler (*b*) wird zur Stabilisierung nur locker geklammert.

Standardapparatur 2 (Bild 7): Sie wird zur Einleitung eines Gases in eine Lösung benötigt.

Die Apparatur besteht aus einem Zweihalsrundkolben (*a*), der mit dem Rückflußkühler (*b*) und dem Gaseinleitungsrohr (*c*), einer nicht ausgezogenen Siedekapillare, ausgerüstet ist. Die Apparatur wird analog Bild 6 eingespannt und kann sowohl unter Kühlung (Eisbad) als auch mit einer Heizquelle betrieben werden.

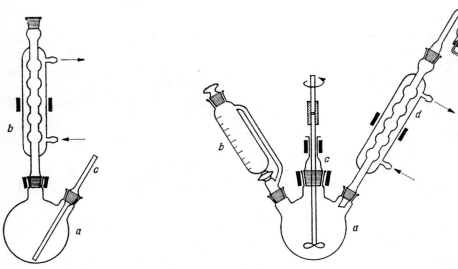

Bild 7 Standardapparatur 2 　　 Bild 8 Standardapparatur 3

Standardapparatur 3 (Bild 8): Sie wird zum Zutropfen einer Flüssigkeit zu einer gerührten Lösung unter Rückfluß benötigt.

Die Apparatur besteht aus dem Dreihalsrundkolben (*a*), der mit dem Tropftrichter mit Druckausgleich (*b*), dem KPG-Rührer (*c*), dem Rückflußkühler (*d*) und dem Trockenrohr (*e*) ausgestattet ist. Das Hahnküken des Tropftrichters (*b*) ist vor dem Versuch frisch zu fetten und auf Dichtheit zu prüfen. An dieser Apparatur sind spannungsfrei zu klammern: der mittlere Schliff des Kolbens (*a*), die Hülse des Rührers (*c*) und des Kühlers (*d*), jeweils am oberen Ende.

Standardapparatur 4 (Bild 9): In dieser Apparatur kann ein Reaktionspartner zum anderen unter Rühren und Temperaturkontrolle getropft werden.

Sie besteht aus einem Dreihalsrundkolben (*a*), dem Tropftrichter mit Druckausgleich (*b*) (er darf nicht verschlossen werden! *warum?*), dem KPG-Rührer (*c*) und dem Sumpfthermometer (*d*). Die Hülsen des Kolbens (*a*) und des Rührers (*c*) werden eingespannt, der Tropftrichter (*b*) locker geklammert.

1.7. Reinigung der Glasgeräte

Standardapparatur 5 (Bild 10): Sie stellt einen Wasserabscheider für Schleppmittel dar, die leichter als Wasser sind.

Sie besteht aus dem Rundkolben (a), dem graduierten Wasserabscheider (b) und dem Rückflußkühler (c) und wird an allen drei Schliffen spannungsfrei geklammert.

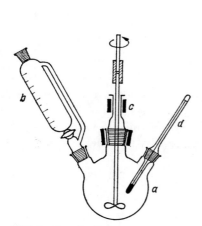

Bild 9 Standardapparatur 4

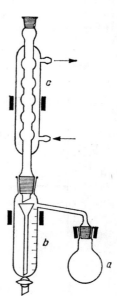

Bild 10 Standardapparatur 5

1.7. Reinigung der Glasgeräte

Selbstverständlich gehören der Abbau der Apparatur und die Reinigung der Geräte zum Pensum der jeweiligen Übung.

Die Glasgeräte werden mit Wasser, Bürste und Scheuersand, bei hartnäckigen Verschmutzungen mit heißer konzentrierter Salpetersäure oder organischen Lösungsmitteln (Arbeitsschutzbestimmungen beachten!) gereinigt, mit wenig Äthanol ausgespült und mit der Öffnung nach unten zum Trocknen gestellt.

Es ist zu beachten, daß beim Aufbau beliebiger Apparaturen nur *trockene Glasgeräte* benutzt werden!

Ü₂ 2. Arbeits- und Brandschutz

2.1. Arbeitsschutz

In diesem Abschnitt sind die wichtigsten Gesichtspunkte für die Arbeit des Praktikanten im organisch-chemischen Laboratorium zusammengestellt.
Die berufliche Tätigkeit, die im allgemeinen mit höherer persönlicher Verantwortung verbunden ist, erfordert unbedingt ein weiterführendes Studium der gesetzlichen Bestimmungen.
Ebenso erhebt das Verzeichnis der feuergefährlichen und gesundheitsschädlichen Stoffe in Kapitel 2.3. keinen Anspruch auf Vollständigkeit.

Vor Beginn des Experimentes ist die Arbeitsvorschrift genau zu studieren und dabei das Reaktionsgeschehen zu durchdenken.

Während der Arbeit sind Aufmerksamkeit und Vorsicht unerläßlich; am Arbeitsplatz muß Sauberkeit und Ordnung herrschen. Personen, die unter Alkoholeinfluß stehen, ist der Aufenthalt im Labor nicht gestattet.
Es ist ständig darauf zu achten, daß die übrigen Mitarbeiter im Laboratorium nicht gefährdet werden.
Spielereien, Neckereien und Zänkereien am Arbeitsplatz sind verboten.

Das Essen, Trinken und Rauchen ist im Labor verboten.
Gefäße, die für Nahrungsmittel bestimmt sind, dürfen nicht für Chemikalien benutzt werden.
Gefäße, die für Chemikalien bestimmt sind, dürfen nicht für Nahrungsmittel benutzt werden.

Sämtliche Gefäße müssen deutlich und dauerhaft beschriftet sein. Frühere, anders lautende Beschriftungen sind zu entfernen.

Apparaturen sind standsicher aufzubauen.

Beim Einführen von Thermometern, Glasröhren und Glasstäben in Stopfen und Schläuche sind geeignete Vorsichtsmaßnahmen anzuwenden.

2.1. Arbeitsschutz

Beschädigte Glasgeräte dürfen nicht benutzt werden.

Es ist stets eine Schutzbrille zu tragen, wenn eine Verletzung der Augen nicht ausgeschlossen ist! Das Augenlicht ist unersetzlich!

Besonders beim Arbeiten mit Glasgefäßen unter vermindertem Druck (DEWAR-Gefäße, Vakuumexsikkator, Vakuumdestillation) sowie beim Umgang mit Alkalimetallen ist größte Vorsicht geboten (weitere Schutzmaßnahmen: Schutzscheibe, Splitterfangnetz, Schutzhandschuhe).

Dünnwandige Glasgefäße nicht kugeliger Form (z. B. ERLENMEYER-Kolben) dürfen nicht evakuiert werden. Evakuierte Glasgefäße müssen vorsichtig behandelt werden; einseitiges Erhitzen ist verboten.

Chemikalien sollen nicht mit der menschlichen Haut in Berührung kommen. (Einige Gifte durchdringen die gesunde, unverletzte Haut!)
Mit ätzenden oder giftigen Stoffen durchtränkte Kleidung ist sofort zu wechseln.

Beim Arbeiten mit ätzenden, giftigen oder übelriechenden Gasen und Dämpfen sind stets die Abzüge zu benutzen.
Abzugsfenster weitgehend schließen; nicht hineinbeugen.

Beim unerwarteten Auftreten von ätzenden bzw. giftigen Gasen oder Dämpfen in den Arbeitsräumen sind die Mitarbeiter zu warnen. Die Gefahr ist mit der notwendigen Vorsicht zu beseitigen (Atemschutzgerät!). Ungeschützte Personen haben sich aus der Gefahrenzone zu entfernen.

Beim Arbeiten mit Quecksilber ist ein Verschütten sorgfältig zu vermeiden. Die Arbeiten sind zweckmäßig über einer Wanne auszuführen. Verschüttetes Quecksilber ist sofort restlos zu beseitigen (Aufsammeln mit der Quecksilberzange, Überstreuen der Reste mit Jodkohle oder Schwefelblüte).

Reaktionen mit Alkalimetallen dürfen nie auf dem Wasser- oder Dampfbad ausgeführt werden (Sand- oder Ölbad benutzen!). Alkalimetalle dürfen nicht mit Halogenalkanen (z. B. Äthylbromid, Chloroform, Tetrachlorkohlenstoff) in Berührung kommen, da bei Stoß heftige Explosionen eintreten können.

Flaschen mit ätzendem, giftigem oder brennbarem Inhalt dürfen nicht am Flaschenhals getragen werden, sondern sind am Boden zu unterstützen.

Stahlflaschen für verdichtete und verflüssigte Gase sind liegend aufzubewahren oder gegen Umfallen zu sichern (z. B. durch Ketten).
Gefüllte Flaschen sind vor starker Erwärmung und scharfem Frost zu schützen und vor Stößen und Erschütterung zu bewahren.

Die Stahlflaschen dürfen nur mit aufgeschraubter Schutzkappe befördert werden.
Das Entnehmen von Druckgas ohne vorschriftsmäßiges Druckminderventil ist verboten.

Um ein Rücksteigen von Flüssigkeiten in die Druckgasflaschen zu vermeiden, muß ein Sicherheitsgefäß mit Entlüftungshahn zwischen Gasflasche und Apparatur geschaltet werden.

Nach Beendigung der Gasentnahme ist der Sicherheitshahn sofort zu öffnen.

Bei Sauerstoffflaschen sind Ventile, Manometer und Dichtungen frei von Öl, Fett u. dgl. zu halten.

Sauerstoffmanometer (Aufschrift: „Sauerstoff, fettfrei halten!") dürfen nicht für brennbare Gase benutzt werden.

Abfälle dürfen nicht gedankenlos verworfen werden. Stoffe, die beim Zusammentreffen mit anderen Stoffen giftige oder brennbare Gase entwickeln können, dürfen nicht in Abwasserleitungen gegeben werden.

Pyrophore Stoffe (z. B. RANEY-Nickel) sowie Alkalimetalle dürfen nicht in die Abfallbehälter gegeben werden; sie werden in gesonderten Gefäßen gesammelt.

Abfälle werden durch geeignete chemische Reaktionen (z. B. Verbrennen, Reaktion von Alkalimetallen mit Methanol) mit der notwendigen Vorsicht unschädlich gemacht.

2.2. Brandschutz

2.2.1. Vorbeugende Maßnahmen

Beim Umgang mit leicht entzündlichen Stoffen dürfen sich keine offenen Flammen in der Nähe befinden. Das Erhitzen erfolgt unter Benutzung von Heizbädern (Wasser-, Öl-, Paraffin-, Luft-, Sandbad)[1].

Paraffin- und Ölbäder dürfen nur bis 250 °C erhitzt werden.

Das Erhitzen von brennbaren Stoffen (z. B. Destillation) erfolgt unter ständiger Aufsicht.

Brennbare Substanzen dürfen nur in begrenzter Menge am Arbeitsplatz aufbewahrt werden.

Sämtliche Arbeiten mit besonders feuergefährlichen Stoffen (Äther, Petroläther, CS_2) dürfen nur im Ätherraum durchgeführt werden.[1]

In Trockenschränken dürfen brennbare Flüssigkeiten nicht verdampft und Rückstände, die diese enthalten, nicht getrocknet werden.

Beim Arbeiten mit brennbaren Gasen oder Dämpfen ist darauf zu achten, daß sich keine explosiven Gemische bilden (Abzug!).

---

[1] Dies gilt nicht für Mengen bis zu 50 m*l*.

Zur Peroxidbildung neigende Flüssigkeiten (z. B. Äther, Tetrahydrofuran) dürfen nur bis auf einen kleinen Rückstand abdestilliert werden.

Vorräte sind vor Licht- und Lufteinwirkungen zu schützen! Vor Gebrauch Peroxidprobe, gegebenenfalls Entfernung der Peroxide!

Mit Wasser nicht mischbare brennbare Flüssigkeiten dürfen nicht in die Ausgüsse gegossen werden.

Sie sind aufzuarbeiten oder durch geeignete chemische Reaktionen (z. B. Verbrennen) zu vernichten.

2.2.2. Verhalten bei Bränden

Lautstarker Ruf: „Hilfe! Feuer!"

Entzündbare Gegenstände entfernen!

Gas abstellen!

Bedienung des Feuerlöschers (bevorzugt CO_2-Löscher, sonst Tetralöscher):
Hahn aufdrehen, Schneerohr auf das Feuer richten!
Beachte: Bei Benutzung des Tetralöschers Vergiftungsgefahr durch Dämpfe bzw. gebildetes Phosgen; nach Brandbekämpfung Raum gut lüften!

Brände von Alkalimetallen können weder mit Tetra- noch mit CO_2-Löscher gelöscht werden. Man verwendet trockenen Sand.

Kleiderbrände werden
— unter der Löschbrause abgelöscht
— mittels Feuerlöschdecke erstickt, notfalls durch Wälzen auf dem Boden.

Bei *größeren Bränden* erfolgt entsprechend dem Alarm- und Evakuierungsplan des jeweiligen Instituts die Bedienung des Feuermelders, Absperren von Strom und Gas am Hauptschalter bzw. Haupthahn, telefonische Meldung an die zuständigen Leiter (Direktor, Sicherheitsinspektor, Arzt).

Alle Personen, die nicht an der Brandbekämpfung beteiligt sind, verlassen unverzüglich die Räume, wobei zu gewährleisten ist, daß niemand zurückbleibt.

2.3. Gefährliche Chemikalien

Im folgenden sind gefährliche Substanzen zusammengestellt und kurz charakterisiert. Die Übersicht erhebt keinen Anspruch auf Vollständigkeit, erfaßt aber auch einige Substanzklassen, die im vorliegenden Buch sonst keine Erwähnung finden. Die Hinweise für die Erste Hilfe schließen nicht aus, daß bei auftretenden Gesundheitsschädigungen *in jedem Falle* ein Arzt zur Hilfe gerufen wird.

(**W.** = Wirkung auf den Organismus; **EH.** = Erste Hilfe; **Ex.** = Explosive Mischung, prozentualer Anteil der Substanz in Luft; **B.** = Besondere Eigenschaften)

Acetaldehyd: W.: Schleimhautreizung, Erstickungsanfälle; **EH.:** frische Luft; **Ex.:** 5 bis 60%.

Acetylen: W.: narkotisierend; enthält meist Phosphorwasserstoffe (s. d.); **EH.:** frische Luft; **Ex.:** 3 bis 80%; ab 2 atü explosiv, besonders in Anwesenheit von Cu oder Ag.

Acetylnitrat: B.: hoch explosiv, darf nicht isoliert werden.

Acrolein: W.: Schleimhautreizung, Magen- und Darmstörungen.

Acrylnitril: W.: vergleichbar Blausäure (s. d.).

Acrylsäure, -ester: B.: spontane, z. T. explosionsartige Polymerisation.

Äther, aliphatisch: **W.:** Narkotika; **EH.:** frische Luft; **Ex.:** 2 bis 50%; **B.:** wegen Peroxidbildung in dunklen, vollen und geschlossenen Flaschen aufbewahren.

Äthylenoxid: W.: Kopfschmerz, Übelkeit; vergleichbar Blausäure (s. d.); **Ex.:** 3 bis 100%; Explosion mit Alkali.

Alkalimetalle: B.: mit Wasser, Halogenen, Halogenderivaten (z. B. $CHCl_3$, CCl_4), CS_2 Explosionen bzw. Detonationen.

Ameisensäure: W.: wirkt stark ätzend.

Amine, aliphatisch: **W.:** ätzend wie Alkalien, Atemgift; **EH.:** Waschen mit verd. Säure.

Amine, aromatisch: **W.:** stark giftig; werden von der Haut absorbiert; bei häufiger Einwirkung Dauer- und Spätschäden, Krebsgefahr (besonders bei Benzidin, α-, β-Naphthylamin).

Ammoniak: W.: starke Ätzwirkung; 2 mg/l Luft wirken tödlich; **EH.:** mit Wasser spülen, Sauerstoff; **Ex.:** 15 bis 25%.

Benzol und Homologe: W.: Blutgift; **Ex.:** 1 bis 8% (für Benzol).

Benzoylperoxid: B.: feucht aufbewahren, in kleinen Mengen unter Vermeidung von Stoß oder Reibung handhaben; analoges gilt für alle organischen Peroxide.

Blausäure (Cyanwasserstoff): **W.:** starkes Atem- und Blutgift, tödliche Dosis 0,05 g bzw. 0,1 mg/l Luft; **EH.:** Sauerstoff, künstliche Atmung, sofortige ärztliche Behandlung; **Ex.:** 5 bis 40%.

Bleiverbindungen (z. B. Bleitetraäthyl): **W.:** Nervengifte mit chronischer Wirkung, Atem- und Hautgift; **B.:** Salze (Azide u. a.) sind explosiv.

Brom: W.: 0,04 mg/l Luft tödliche Dosis, Verätzung der Haut und der Atmungsorgane; **EH.:** Haut mit viel Äthanol abwaschen, Sauerstoff.

Carbide: W.: durch Phosphorwasserstoffe, die neben Acetylen aus Carbiden und Wasser entstehen; **B.:** Acetylide (= Salze, z. B. mit Ag, Cu, Hg, aber auch Alkali- und Erdalkalimetallen) sind hochexplosiv.

Chlor: W.: 0,06% tödliche Dosis; Verätzung der Atmungsorgane bereits ab 0,01‰; **EH.:** Riechen an stark verdünntem Ammoniak, Sauerstoff.

Chloral: B.: Lungengift ähnlich Phosgen (s. d.).

Chlorkohlensäureester (= Chlorameisensäureester): s. Phosgen.

2.3. Gefährliche Chemikalien

Chromsäure: B.: explosionsartige Reaktion mit manchen organischen Substanzen (z. B. bei der Reinigung benutzter Laborgeräte!).
Cyanwasserstoff: s. Blausäure.
Cyanide: W.: ähnlich Blausäure; **EH.:** Erbrechen bei Aufnahme durch den Magen, Einnahme von verd. $KMnO_4$-Lösung und Aktivkohle, Sauerstoff, künstliche Atmung, *sofortige ärztliche Behandlung.*
Diazomethan: W.: starkes Atemgift; **EH.:** frische Luft, Sauerstoff; **B.:** flüssig, gasförmig und in Lösung explosiv!
Diazoverbindungen (z. B. Diazoessigester): **W.:** vergleichbar Diazomethan.
Dimethylsulfat: W.: starkes Atem- und Hautgift (hydrolysiert in der Lunge zu CH_3OH und H_2SO_4!); **EH.:** Haut mit verd. Ammoniakwasser waschen.
Halogenkohlenwasserstoffe, aliphat. gesättigt (z. B. CCl_4, $CHCl_3$, CH_3Br, Tetrachloräthan): **W.:** Narkotika, Leber- und Nierengifte mit Spätwirkung; **EH.:** frische Luft, Sauerstoff- bzw. künstliche Atmung; **Ex.:** etwa 5 bis 20%; **B.:** Explosion mit Na, Natriumamid, Metallpulvern.
Halogenkohlenwasserstoffe, aromatisch: **W.:** Narkotika, Hautreizung; **EH.:** Waschen mit Wasser und Seife; **Ex.:** etwa 1 bis 10%.
Halogenkohlenwasserstoffe, aliphatisch ungesättigt (z. B. Trichloräthylen, Allylhalogenide): **W.:** Atem- und Hautgift; **EH.:** Waschen mit Wasser und Seife; **B.:** Explosion mit Na, Natriumamid, Metallpulvern.
Halogenwasserstoffe: W.: stark schleimhautreizend, 5‰ tödliche Dosis für HCl; **EH.:** bei Aufnahme durch den Mund viel Wasser oder Milch trinken, MgO einnehmen.
Hydrazin und Derivate: **W.:** giftig (Krampfgifte, Phenylhydrazin starkes Hautgift), ätzend wie Amine; **EH.:** Haut mit verd. CH_3COOH waschen; Traubenzucker einnehmen; **B.:** Hydrazin und seine Salze sind explosiv.
Hydrazobenzol: leichte Umlagerung zu Benzidin (s. d.).
Hydride (z. B. Alkalihydride, $LiAlH_4$): **B.:** heftige Reaktionen mit Wasser, ähnlich Alkalimetallen (s. d.).
Isocyanate: W.: Schleimhaut-, Augenreizung; **EH.:** verd. Ammoniak.
Isonitrile: W.: starke Atemgifte.
Jod: W.: Schleimhaut-, Augenreizung; **B.:** Explosion mit Alkalimetallen.
Kohlenmonoxid (im Leuchtgas!): **W.:** geruchloses Blutgift, erstes Symptom: Kopfschmerzen, 0,2‰ sind schädlich, 0,3‰ auf die Dauer tödlich; **EH.:** frische Luft, Sauerstoff, künstliche Atmung; **Ex.:** 10 bis 75%.
Kohlenwasserstoffe, aromatisch: monocyclisch s. Benzol; polycyclische Kohlenwasserstoffe: **W.:** cancerogene, d. h. krebsauslösende Wirkung bei 3.4-Benzpyren aber auch bei anderen polycyclischen aromatischen und heterocyclischen Kohlenwasserstoffen; s. a. aromatische Amine.
Methanol: W.: Dämpfe sind schädlich, die Einnahme bewirkt Blindheit und Tod; **Ex.:** 5 bis 20%.
Natriumamid: B.: selbstentzündlich, mit Wasser Explosionen, analog Alkalimetalle (s. d.).
Naphthylamin: s. Amine, aromatisch.

Nicotin: W.: starkes Gift, 40 bis 60 mg bewirken Tod durch Herz- und Atemlähmung; **EH.:** Magenspülung, heißer Kaffee; **B.:** Nicotin wird auch von der Haut absorbiert.
Nitrite, anorg.: W.: starke Kreislauf- und Blutgifte; **EH.:** Erbrechen, Sauerstoff, Aktivkohle, hohe Dosen Vitamin C; **B.:** $NaNO_2$ schmeckt wie Kochsalz!
Nitrite, organ. (z. B. Isoamylnitrit, Äthylnitrit): **W.:** wirken blutdrucksenkend, erzeugen Rauschzustände, führen zum Tod.
Nitroglycerin: W.: starkes Blutgift; **EH.:** Sauerstoff, künstliche Atmung; **B.:** explodiert bei Stoß oder Erhitzen.
Nitroverbindungen, aromatisch: W.: starke Blutgifte, die über die Atmung und durch die Haut absorbiert werden; **EH.:** Sauerstoff, viel Milch! **B.:** Metallsalze von Nitrophenolen sowie Pikrate sind explosiv.
Oxalsäure: W.: Krämpfe, Tod durch Herzschwäche; **EH.:** verd. $CaCl_2$-Lösung und viel Milch einnehmen; **B.:** bildet mit Oxydationsmitteln explosive Gemische.
Oxime: W.: siehe Nitrite, organische.
Perchlorsäure: B.: reine $HClO_4$ explodiert bei 110°C; alle organischen Perchlorate sind unterschiedlich explosiv.
Permanganate: B.: bilden mit zahlreichen organischen Substanzen explosive Gemische.
Phenole: W.: ätzend, werden durch die Haut absorbiert; **EH.:** mit verd. Laugen und viel Wasser waschen, Einnahme von Aktivkohle und Milch.
Phosgen: W.: starkes Lungengift; tödl. Dosis 0,1 Vol.-% in der Luft; **EH.:** frische Luft, Sauerstoff, keine künstliche Atmung.
Phosphor, gelber: W.: starkes Gift, tödliche Dosis 0,1 g; **EH.:** 0,1%ige $CuSO_4$-Lösung einnehmen, dann erbrechen, Fett streng vermeiden; Phosphor auf der Haut (z. B. bei Verbrennungen) unter Wasser abschaben und mit 2%iger $CuSO_4$-Lösung waschen; **B.:** gelber Phosphor ist selbstentzündlich und bildet mit Oxydationsmitteln, besonders Chloraten, gefährlich detonierende Gemische.
Phosphorsäureester, organisch: W.: starke Nervengifte, Bewußtlosigkeit, Erbrechen, Atemlähmung, Tod; starker kumulativer Effekt; **EH.:** Atropin, sofortige ärztliche Behandlung; **B.:** Vorkommen in Pflanzenschutz- und Schädlingsbekämpfungsmitteln, Weichmachern usw.
Phosphorwasserstoffe: W.: starkes Atemgift; **B.:** selbstentzündlich.
Pyridin u. Homologe: W.: Schädigung des Verdauungs- und Zentralnervensystems.
Quecksilber: W.: Schädigung des Zentralnervensystems, kumulativer Effekt, Dämpfe sehr gefährlich.
Quecksilberverbindungen: W.: schwere Verdauungsschädigungen; tödliche Dosis von $HgCl_2$ (Sublimat): 0,5 g; **EH.:** Erbrechen, dann Eiweiß in jeder Form; **B.:** zahlreiche Hg-Salze sind explosiv; Beseitigung von metallischem Quecksilber siehe Kapitel 2.1.
Salpetersäure: W.: Hautverätzung; **EH.:** mit viel Wasser waschen; **B.:** explosionsartige Reaktion mit vielen organischen Substanzen.
Salpetrige Säure: s. Nitrite.
Sauerstoff: B.: kann mit fast allen organischen Substanzen unter Explosion reagieren; über Arbeiten mit komprimiertem Sauerstoff siehe Kapitel 2.1.

2.3. Gefährliche Chemikalien

Säurechloride, -bromide: W.: starke Reizung der Atmungsorgane und der Haut; **EH.:** mit viel Wasser und Seife waschen; **B.:** besonders reaktionsfähige Säurechloride setzen sich mit Wasser oder Alkalien explosionsartig um.

Schwefel: B.: bildet mit allen Oxydationsmitteln gefährliche explosive Gemische.

Schwefelkohlenstoff: W.: Nerven-, Herz- und Verdauungsstörungen, kumulativer Effekt; **Ex.:** 1 bis 50%; **B.:** Lösungen von S in CS_2 und P in CS_2 entzünden sich besonders leicht.

Schwefelwasserstoff: W.: in hohen Konzentrationen ähnlich Blausäure (s. d.), vorher Übelkeit, Krämpfe; **EH.:** frische Luft, Sauerstoff, künstliche Atmung; **Ex.:** 4 bis 50%.

Stickoxide: W.: ähnlich Phosgen (s. d.); **EH.:** Sauerstoff.

Toluolsulfochloride: analog Säurechloride (s. d.).

Wasserstoff: Ex.: 4 bis 75%; **B.:** kann sich beim Ausströmen aus Druckflaschen selbst entzünden (s. a. Kapitel 2.1.).

Wasserstoffperoxid: W.: stark ätzend; **B.:** Explosion bei Destillation im Vakuum und bei der Mischung mit oxydierbaren Verbindungen.

3. Allgemeine Arbeitsmethoden

3.1. Schmelzpunkt und Mischschmelzpunkt

3.1.1. Theoretische Grundlagen

Zur Charakterisierung einer festen organischen Substanz wird u. a. stets ihr Schmelzpunkt als Kriterium für die Reinheit herangezogen. Eine organische Substanz gilt dann als rein, wenn sie einen scharfen Schmelzpunkt hat, d. h. wenn sie in einem Temperaturbereich von höchstens 1 °C schmilzt. Verunreinigte Substanzen schmelzen unscharf über einen relativ weiten Temperaturbereich. Als Schmelzpunkt einer organischen Substanz wird die Temperatur angesehen, bei der der Feststoff und der geschmolzene Stoff miteinander im Gleichgewicht stehen. Der Schmelzpunkt kann auch als die Temperatur angesehen werden, bei der der Dampfdruck des Feststoffes und der Flüssigkeit gleich sind.

Im *Dampfdruck-Temperatur-Diagramm* (Bild 11) sind diese Verhältnisse gut erkennbar. Die Kurve AB stellt den experimentell bestimmbaren Dampfdruck einer

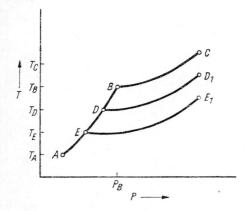

Bild 11 Dampfdruck-Temperatur-Diagramm

reinen organischen Festsubstanz X in Abhängigkeit von der Temperatur im Bereich $T_A - T_B$ dar. BC stellt den Dampfdruck derselben Substanz, jedoch in flüssigem (geschmolzenem) Zustand dar (im Temperaturbereich $T_B - T_C$). Bei der Schmelztempe-

3.1. Schmelzpunkt und Mischschmelzpunkt

ratur T_B hat die organische Substanz X als Feststoff genau den gleichen Dampfdruck wie die Schmelze, nämlich den Druck P_B.

Setzt man nun dem reinen, geschmolzenen Stoff X eine geringe Menge einer Verunreinigung Y zu, dann wird nach dem RAOULTschen Gesetz der Dampfdruck der Flüssigkeit über den ganzen Temperaturbereich herabgesetzt.

Im Dampfdruck-Temperatur-Diagramm gilt für den geschmolzenen reinen Stoff die Kurve BC. Für die Lösung der Verunreinigung Y im Stoff X gilt jedoch die Kurve DD_1. Der Punkt D ist der Schnittpunkt der Kurven AD (Feststoff) und DD_1 (Lösung von Stoff Y in X), und die dazugehörige Temperatur T_D wird als Schmelzpunkt des (mit Y verunreinigten) Stoffes X angesehen, da bei dieser Temperatur der letzte Rest des Feststoffes beim Erhitzen geschmolzen ist.

Versetzt man X mit steigenden Mengen Y, wird der Schmelzpunkt weiter herabgesetzt. Man erreicht schließlich jedoch eine untere Grenze des Schmelzpunktes, weil X an Y gesättigt ist, also keine weitere Verunreinigung Y gelöst werden kann. Durch weitere Zugabe von Y zu X kann der Schmelzpunkt deshalb nicht weiter herabgesetzt werden. Die tiefste mögliche Schmelztemperatur T_E, bei der eine Mischung aus X und Y flüssig vorliegen kann, wird als *eutektische Temperatur* bezeichnet.

Bei der Bestimmung eines Schmelzpunktes einer an Y verunreinigten Substanz X müßte der Betrachter stets ein Schmelzintervall feststellen, das durch T_E (Schmelztemperatur der eutektischen Mischung) und z. B. T_D (T_D ist stets niedriger als der Schmelzpunkt T_B der reinen Substanz X) begrenzt ist.

Bei der praktischen Bestimmung des Schmelzpunktes einer verunreinigten Substanz wird im allgemeinen ein kleineres als das theoretische Schmelzintervall beobachtet, dessen obere Grenze jedoch meist beträchtlich unter dem Schmelzpunkt der reinen Substanz liegt.

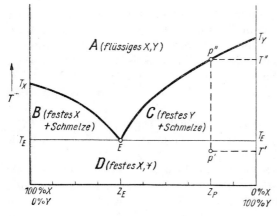

Bild 12   Schmelzdiagramm

Diese Zusammenhänge werden auch bei der Betrachtung eines *Phasendiagramms* oder *Schmelzdiagramms* erkennbar. In diesem Diagramm (Bild 12) wird der Zusammenhang zwischen festem und flüssigem Aggregatzustand eines Gemisches zweier Komponenten in Abhängigkeit von der Temperatur und der Zusammensetzung hergestellt.

Auf der Ordinate ist die Temperatur aufgetragen, auf der Abszisse die Zusammensetzung verschiedener Gemische der beiden Substanzen X und Y, links 100% X und 0% Y, auf der rechten Seite 100% Y und 0% X. Alle anderen möglichen Zusammensetzungen liegen dann dazwischen.

Im Diagramm sind vier verschiedene Flächen erkennbar:

Im *Bereich A* liegt eine homogene Schmelze vor, d. h., das Gemisch beider Substanzen ist vollständig geschmolzen.

Im *Bereich B* existiert ein Gleichgewicht zwischen Schmelze und reinem Feststoff X. Der Bereich B umfaßt alle möglichen Zusammensetzungen von X und Y zwischen 100% X und Z_E, und die Zusammensetzung des Gleichgewichtsgemisches ist temperaturabhängig entsprechend der Kurve T_X-E. Der Feststoff besteht immer aus reinem X, und nur dessen Menge ändert sich in Abhängigkeit von der Temperatur.

Im *Bereich C* liegt ein entsprechendes Gleichgewichtsgemisch mit Zusammensetzungen zwischen Z_E und 100% Y vor. Reiner Feststoff Y, dessen Menge temperaturabhängig ist, steht im Gleichgewicht mit der Schmelze, deren Zusammensetzung temperaturabhängig ist entsprechend der Kurve T_Y-E.

Im *Bereich D* existieren beide festen Stoffe X und Y nebeneinander. T_X und T_Y sind die Schmelztemperaturen (*Schmelzpunkte*) der reinen Komponenten X bzw. Y. T_E ist die eutektische Temperatur, d. h. die niedrigste Temperatur, bei der ein Gemisch aus X und Y zu schmelzen beginnt. Die bei der eutektischen Temperatur T_E entstandene Schmelze wird als eutektische Schmelze bezeichnet. Sie hat immer die Zusammensetzung Z_E. Im Gleichgewicht mit der Schmelze Z_E steht stets eine reine feste Komponente, bei relativ Y-reichen Gemischen Y, bei relativ X-reichen Gemischen X.

Erhitzt man ein Gemisch der Zusammensetzung Z_E von einer Temperatur unterhalb T_E auf die eutektische Temperatur T_E, dann beginnt das Gemisch zu schmelzen. Wird die Temperatur weiter gesteigert, dann schmilzt sofort alles auf. Es liegt dann nur noch die Schmelze der Zusammensetzung Z_E vor. Ein eutektisches Gemisch verhält sich also beim Erhitzen und Schmelzen wie eine reine Substanz.

Ein Gemisch der Substanzen X und Y in anderer Zusammensetzung als Z_E verhält sich anders.

Erhitzt man ein Gemisch der Zusammensetzung Z_P von der Temperatur T' (Punkt P'), dann beginnt es bei der Temperatur T_E teilweise zu schmelzen; die Schmelze hat die Zusammensetzung Z_E, der Feststoff besteht aus reinem Y.

Beim weiteren Erhitzen verändert die Schmelze ihre Zusammensetzung entsprechend der Kurve EP'', und die Menge des Feststoffes (reines Y) verringert sich. Bei und oberhalb der Temperatur T'' (Punkt P'') hat die Schmelze dann immer die Zusammensetzung Z_P.

Der umgekehrte Vorgang läuft ab, wenn man eine Schmelze der Zusammensetzung Z_P von einer Temperatur oberhalb T'' abkühlt. Bei T'' beginnt reines Y auszukristallisieren. Seine Menge nimmt mit sinkender Temperatur zu, während sich die Schmelze

3.1. Schmelzpunkt und Mischschmelzpunkt

in ihrer Zusammensetzung entsprechend der Kurve $P''-E$ ändert. Ist die eutektische Temperatur T_E erreicht, hat der Rest der Schmelze die Zusammensetzung Z_E. Unterhalb der Temperatur T_E existiert dann nur noch das feste Gemisch der Zusammensetzung Z_P.

3.1.2. Arbeitstechnik

Zur Bestimmung des Schmelzpunktes eignet sich nur eine saubere und trockene Substanz. Sie ist, falls grobe Kristalle vorliegen, mit einem Pistill im Mörser oder bei kleinen Mengen mit einem Glasstab auf einer Tüpfelplatte zu pulverisieren. Der Schmelzpunkt kann sowohl mit dem THIELEschen Schmelzpunktsapparat als auch auf dem Mikroheiztisch nach BOËTIUS bestimmt werden.
Der *Apparat nach* THIELE (Bild 13) enthält eine möglichst hoch siedende Flüssigkeit (Siliconöl, Schwefelsäure[1])), die mit kleiner Flamme an der Stelle (*a*) erhitzt wird.

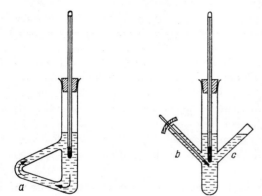

Bild 13 Schmelzpunktsapparat nach THIELE

Durch Konvektionsströmung der erwärmten Flüssigkeit wird ein gleichmäßiger Temperaturanstieg gewährleistet.
In die seitlich angesetzten Rohre (*b*) und (*c*) des Apparates wird je eine dünnwandige Glaskapillare (etwa 10 cm lang, 1 bis 2 mm Durchmesser) eingeführt, die im unteren, zugeschmolzenen Ende die Substanz enthält.

Um die Kapillare zu füllen, wird das offene Ende vorsichtig mehrmals in die Substanz gedrückt. Dann wird die Kapillare mit der zugeschmolzenen Seite nach unten einige Male auf dem Labortisch aufgestoßen. Ist dabei noch nicht alle Substanz durch die Kapillare gerutscht, läßt man sie mehrmals durch ein Glasrohr (0,5 bis 0,8 cm Durchmesser, 20 bis 40 cm lang) auf die Kachel des Labortisches fallen. Die Substanz soll die Kapillare etwa 2 bis 3 mm füllen.

Nun bringt man die Kapillare durch das seitliche Rohr in den Schmelzpunktsapparat so ein, daß das untere zugeschmolzene Ende mit der Substanz die Thermometerkugel berührt.

---

[1]) Hat sich die Schwefelsäure dunkel gefärbt, kann sie mit einem Körnchen Kaliumnitrat wieder entfärbt werden.

Um zu verhindern, daß die Kapillare in die Heizflüssigkeit hineinrutscht, biegt man die Kapillare am offenen Ende vorsichtig in der Flamme zu einem Winkel.

Da jedes Thermometer eine gewisse „Anzeigeverzögerung" aufweist, wird das Heizbad nur so schnell erhitzt, daß in der Nähe des Schmelzpunktes der Temperaturanstieg etwa 2 °C/min beträgt. Vorher, d. h. bis etwa 20 °C unterhalb des Schmelzpunktes, kann selbstverständlich schneller erhitzt werden. Bei Substanzen, die sich beim Schmelzen zersetzen, ist es erforderlich, das Heizbad sehr schnell bis kurz unter den erwarteten Schmelzpunkt anzuheizen.

Der Brenner bleibt während der Bestimmung an der Biegung (a) des THIELE-Apparates stehen; die Aufheizgeschwindigkeit wird nur durch Verändern der Größe der Brennerflamme reguliert.

Ist der Schmelzpunkt einer unbekannten Substanz zu ermitteln, ist es zweckmäßig, zwei Kapillaren zu füllen und den Schmelzpunkt zunächst mit einer Probe grob zu bestimmen, dann das Bad etwas abkühlen zu lassen, um anschließend eine exakte Schmelzpunktsbestimmung mit der zweiten Probe durchzuführen.

Die Bestimmung des Schmelzpunktes kann auch auf dem *Mikroheiztisch nach* BOËTIUS (oder nach KOFLER) erfolgen. Der Mikroheiztisch besteht aus einem elektrisch heizbaren runden Metallblock, der auf den Objekttisch eines Mikroskops aufgestellt wird. Der vorgeschriebene Temperaturanstieg von 4 °C/min in der Nähe des Schmelzpunktes wird mit Hilfe eines Regelwiderstandes mit Spindelführung und stationärer Handradbedienung eingestellt.

Die Skala des Regelwiderstandes enthält zwei Einstellbereiche:
Einstellbereich 1: Aufheizgeschwindigkeit 4 °C/min;
Einstellbereich 2: Temperaturgleichgewicht.
Stellt man im Einstellbereich 1 auf 100 °C, dann wird der Heiztisch so erwärmt, daß bei 100 °C die Aufheizgeschwindigkeit 4 °C/min beträgt. In der gleichen Einstellung zeigt die Skala des Bereichs 2 den Wert 150 °C, d. h., bei etwa 150 °C ist das Gleichgewicht zwischen zugeführter elektrischer Energie und abgestrahlter Wärme erreicht.

Die Schmelzpunkte werden am genauesten ermittelt, wenn man die Bestimmung im „Gleichgewicht" vornimmt. Bei „4 °C/min" sollen die erhaltenen Werte etwa 0,3 °C tiefer als in der Literatur angegeben liegen. Selbstverständlich kann man vor Erreichen der Schmelztemperatur schneller aufheizen.

Zur Bestimmung des Schmelzpunktes werden etwa 0,1 mg Substanz auf einen Objektträger aufgebracht, mit einem Deckgläschen bedeckt und festgedrückt. Dann bringt man die Probe auf den Heiztisch auf und deckt mit einer kleinen und einer großen hitzebeständigen Glasplatte ab. Nachdem die Probe in das Gesichtsfeld des Mikroskops gebracht wurde, wird der Heiztisch angeheizt.

Über weitere technische Details des BOËTIUS-Gerätes informiert der Praktikumsassistent!

Kurz vor Erreichen des Schmelzpunktes stellt man ein plötzliches Erweichen der Kristalle fest. Kurz darauf erfolgt völliges Aufschmelzen zu einer klaren Flüssigkeit. Voraussetzung dafür ist, daß sich die Substanz nicht vor Erreichen des Schmelzpunktes oder beim Schmelzen zersetzt.

3.1. Schmelzpunkt und Mischschmelzpunkt

Bei einer reinen Substanz sollte das Schmelzintervall (Schmelzbeginn bis zur vollständigen Verflüssigung) nicht mehr als 0,5 bis 1 °C (bei verschiedenen Verbindungen, besonders salzartigen auch etwas mehr) betragen.

Setzt man zu einer reinen Substanz X eine zweite Substanz Y zu und bestimmt von dem Gemisch den Schmelzpunkt (Mischschmelzpunkt), so beginnt das Gemisch in der Regel unscharf und bei niedrigerer Temperatur zu schmelzen, als eine der beiden reinen Substanzen (siehe Schmelzdiagramm, Bild 12).

Diese Tatsache benutzt man zur Identifizierung unbekannter Substanzen. Bei der Bestimmung des Mischschmelzpunktes müssen beide Substanzen in einem kleinen Mörser oder auf einer Tüpfelplatte innig vermischt werden.

Vermischt man eine unbekannte Substanz A mit einer bekannten Substanz B, und schmilzt das Gemisch beider Substanzen unscharf und bei niedrigerer Temperatur als eine der beiden Substanzen, dann ist eindeutig bewiesen, daß Substanz A nicht mit Substanz B identisch ist. Wird der Schmelzpunkt von Substanz A nicht herabgesetzt, dann ist es *wahrscheinlich*, daß die beiden Substanzen miteinander identisch sind. In diesem Falle ist es zur Sicherheit empfehlenswert, die Bestimmung des Mischschmelzpunktes noch einmal unter Variation der Mengenverhältnisse $A:B$ durchzuführen (*warum?*).

Selbstverständlich ist die Mischschmelzpunktsbestimmung zweier Substanzen miteinander nur dann sinnvoll, wenn deren Schmelzpunkte im Rahmen der Fehlergrenze (± 5 °C) gleich sind.

Bei der Bestimmung des Mischschmelzpunktes kleinster Substanzmengen wird empfohlen, je einige kleine Kristalle der beiden Substanzen eng nebeneinander auf einen Objektträger zu bringen, mit einem Deckgläschen zu bedecken und durch vorsichtige drehende Bewegung des Deckgläschens auf dem Objektträger die Kristalle zu zerkleinern und dabei zu vermischen. Sind beide Substanzen miteinander identisch und von gleicher Reinheit, so schmilzt das Gemisch unter denselben Erscheinungen wie jede der beiden Einzelsubstanzen. Sind es jedoch unterschiedliche Substanzen, so beginnt in der Nähe der eutektischen Temperatur ein Erweichen und Aufschmelzen.

3.1.3. Aufgabenstellung

Zunächst sind von fünf beliebigen bekannten Substanzen die Schmelzpunkte mit der Apparatur nach THIELE zu bestimmen. Man stelle in einer Tabelle die experimentell ermittelten den in der Literatur angegebenen Schmelzpunkten gegenüber.

Von einer dem Praktikanten unbekannten Substanz der Tabelle 1 sind die Schmelzpunkte sowohl mit der Apparatur nach THIELE als auch unter dem Mikroskop auf einem Mikroheiztisch nach BOËTIUS zu bestimmen.

Man vergleiche, welche Substanzen der Tabelle 1 mit der unbekannten Substanz auf Grund des Schmelzpunktes identisch sein könnten (± 5 °C Abweichung vom experimentell ermittelten Wert der unbekannten Substanz)! Anschließend sind auf dem Mikroheiztisch nach BOËTIUS mit den in Frage kommenden Substanzen (die man vom Assistenten erhält) und der unbekannten Substanz die Mischschmelzpunktsbestimmungen durchzuführen. Von jeder Probe sind Beginn und Ende des Schmelzens zu notieren. Die unbekannte Substanz ist anzugeben.

Tabelle 1: Schmelzpunkte organischer Substanzen

Substanz	$F.$ [°C]
Antipyrin	111,5
Acetanilid	115
Mandelsäure	119
Bernsteinsäureanhydrid	120
Benzoesäure	122,5
Benzoesäure-m-toluidid	125
Benzamid	130
Phthalsäureanhydrid	131
Pentaacetylglucose	133
Harnstoff	135
Zimtsäure	135
Malonsäure	135—36
Benzoin	137
Salicylsäure-p-bromphenacylester	140
3-Nitrobenzoesäure	142
Anthranilsäure	145
Phenylharnstoff	148
Benzilsäure	150
Benzoinoxim	151
Adipinsäure	152

3.1.4. Kontrollfragen

1. Wie wirken sich folgende Fehler aus:
   a) zu schnelles Aufheizen des Heizbades bzw. des Heiztisches?
   b) zu dickwandige Kapillaren?
   c) zu weite Kapillaren?

2. Nennen Sie Fehler in der Arbeitsweise, die am Apparat nach BOËTIUS zu hohe bzw. zu niedrige Schmelzpunkte ergeben!

3. Wie bestimmt man zweckmäßig den Schmelzpunkt einer Substanz, die vor Beginn des Schmelzens merklich sublimiert?

4. Weshalb ist es zweckmäßig, eine Mischschmelzpunktsbestimmung mehrmals unter Variation der Mischungsverhältnisse vorzunehmen?

3.2. Kristallisation

3.2.1. Theoretische Grundlagen

Die Kristallisation bzw. Umkristallisation ist ein wichtiges Verfahren zur Reinigung organischer Verbindungen. Durch Bestimmung des Schmelzpunktes kann der Reinheitsgrad einer Substanz jederzeit leicht abgeschätzt werden.

Neben der Umkristallisation aus der Schmelze (*Zonenschmelzverfahren*) und über die Dampfphase (siehe Kapitel 3.3., *Sublimation*) besitzt das Umkristallisieren aus der Lösung die größte Bedeutung. Hierbei wird die verunreinigte kristalline Substanz mit einem geeigneten Lösungsmittel in der Hitze gelöst, heiß filtriert und in der Kälte auskristallisiert.

Die grundlegende Voraussetzung für eine erfolgreiche Umkristallisation ist die Wahl des geeigneten Lösungsmittels. Es darf mit der gegebenen Substanz keine chemischen Reaktionen eingehen, und in bezug auf den umzukristallisierenden Stoff soll die *Löslichkeitskurve* steil verlaufen (siehe Bild 14).

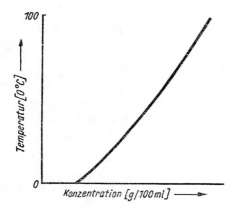

Bild 14 Löslichkeitskurve (Lösungsmittel Wasser)

Da im allgemeinen das Lösevermögen des Lösungsmittels kurz unterhalb des Siedepunktes steiler ansteigt (siehe Bild 14), stellt man die Lösung durch Sieden am Rückfluß her.

Die Anforderungen an das geeignete Lösungsmittel sind so komplex, daß es nur empirisch, d. h. unter Beachtung einiger allgemeiner Regeln und auf Grund eigener experimenteller Erfahrungen, gefunden werden kann.

So soll im Idealfall die Löslichkeit der umzukristallisierenden Substanz im Lösungsmittel am Siedepunkt sehr gut, bei Zimmertemperatur bzw. bei 0 °C hingegen möglichst gering sein, und die Verunreinigung soll entweder in der Hitze nicht löslich sein (sie wird dann beim Filtrieren der heißen Lösung abgetrennt) oder auch nach dem Abkühlen und Auskristallisieren der reinen Substanz in Lösung bleiben.

Der Siedepunkt des Lösungsmittels soll etwa 10 bis 15 Grad unter dem vermutlichen Schmelzpunkt der umzukristallisierenden Substanz liegen. Dadurch wird verhindert, daß sie sich als Öl abscheidet.

Da Verunreinigungen die Löslichkeit einer Substanz meist erhöhen, ist es nicht verwunderlich, daß sich die Löslichkeiten der umkristallisierten Substanz und des Rohproduktes oft sehr unterscheiden.

Eine nützliche empirische Regel, die schon lange bekannt und für jede Umkristallisation von Bedeutung ist, lautet: *„Similia similibus solvuntur"*, d. h. *„Ähnliches löst sich in Ähnlichem"*.

Dies bedeutet noch nicht, daß „Ähnliches aus Ähnlichem" auch gut umkristallisiert werden kann; jedoch kann das Lösevermögen eines auf Grund dieser Regel gefundenen Lösungsmittels durch dosierte Mischung mit einem zweiten, „unähnlichen" Lösungsmittel im angestrebten Maße verändert werden.

Bei der Betrachtung der Ähnlichkeit von Lösungsmittel und umzukristallisierender Substanz sind z. B. *Dipolmomente, Dielektrizitätskonstanten* und die Möglichkeit der Ausbildung von *Wasserstoffbrückenbindungen* zu berücksichtigen.

Das Wasser besitzt ein ausgeprägtes Dipolmoment, eine hohe Dielektrizitätskonstante ($\varepsilon = 81{,}1$) und auf Grund seiner freien Elektronenpaare am Sauerstoff die Fähigkeit, Wasserstoffbrückenbindungen auszubilden. Eine gute Löslichkeit in Wasser zeigen deshalb außer den Salzen auch polare organische Verbindungen, wie z. B. niedrige aliphatische Alkohole und Carbonsäuren.

Dagegen nimmt die Wasserlöslichkeit dieser Substanzen in dem Maße ab, wie die *hydrophile Gruppe* (–OH, –COOH) klein wird im Verhältnis zum *hydrophoben Alkylrest*, d. h. etwa ab C_4–C_5.

Wenig polare oder unpolare organische Substanzen, wie z. B. kondensierte aromatische oder heteroaromatische Kohlenwasserstoffe, lösen sich hingegen in unpolaren Lösungsmitteln wie Benzol ($\varepsilon = 2{,}3$) und Hexan ($\varepsilon = 1{,}9$) oder in Diäthyläther, der

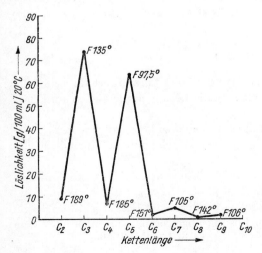

Bild 15   Schmelzpunkte und Löslichkeiten (in Wasser) der Dicarbonsäuren C_2 bis C_9

3.2. Kristallisation

zwar ein Dipolmoment besitzt, aber auf Grund seiner niedrigen Dielektrizitätskonstante ($\varepsilon = 4,3$) und der Fähigkeit zur Ausbildung von Wasserstoffbrückenbindungen geeignet ist.

Auch die Höhe des Schmelzpunktes kann ein Kriterium für die Löslichkeit einer organischen Substanz sein.

So sind die hochschmelzenden, aliphatischen Dicarbonsäuren mit gerader Anzahl von Kohlenstoffatomen schlechter wasserlöslich als die in der homologen Reihe jeweils folgenden, niedriger schmelzenden Dicarbonsäuren mit ungerader Anzahl von Kohlenstoffatomen (siehe Bild 15).

Auch eine Vergrößerung des Moleküls führt im allgemeinen zu einer Verringerung der Löslichkeit; so geht der wasserlösliche, monomere Formaldehyd durch Polymerisation in den wasserunlöslichen Paraformaldehyd über.

An Isomeren kann man den Einfluß struktureller Faktoren auf die Löslichkeit erkennen; so ist die geradkettige Säure CH_3-$(CH_2)_3$-COOH wasserunlöslich, das verzweigte Isomere $(CH_3)_3$C-COOH aber wasserlöslich.

In Tabelle 2 sind einige gebräuchliche Lösungsmittel zur Umkristallisation aufgeführt.

Tabelle 2: Lösungsmittel zur Umkristallisation

Name	Formel	$Kp.$ [°C]	$F.$ [°C]
Aceton	$(CH_3)_2CO$	56,1	− 95
Äthanol	C_2H_5OH	78,3	−114,5
Äthylacetat	$CH_3COOC_2H_5$	77,2	− 84
Benzol	C_6H_6	80,2	5,5
Chloroform	$CHCl_3$	61,3	− 63,5
Diäthyläther	$(C_2H_5)_2O$	34,6	−116
Dimethylformamid	$HCON(CH_3)_2$	153	− 61
Nitrobenzol	$C_6H_5NO_2$	210,9	5,7[1]
Toluol	$C_6H_5CH_3$	110,8	− 95[1]
Wasser	H_2O	100	0

[1]) Erstarrungspunkt

Von Einfluß auf die Reinheit des Endproduktes einer ein- oder mehrmaligen Umkristallisation ist auch die Kristallgröße.

Durch zu schnelle Abkühlung des Filtrats entstehen meist sehr kleine Kristalle, die auf Grund der großen Gesamtoberfläche eine größere Menge der in Lösung vorhandenen Verunreinigungen adsorbieren können als die bei extrem langsamer Abkühlung anfallenden großen Kristalle, die andererseits oft Lösungsmitteleinschlüsse aufweisen.

Das optimale Kristallisat mittlerer Größe kann dadurch gewonnen werden, daß die aus dem Filtrat ausgefallenen Kristalle durch Erwärmen noch einmal gelöst werden und die klare Lösung mit regelbarer Geschwindigkeit, d. h. beispielsweise in einem sich langsam abkühlenden Wasserbad, zur Kristallisation gebracht wird. Außer der hier beschriebenen *Umkristallisation* (Abtrennung der Verunreinigungen von einer im Rohprodukt als Hauptmenge vorhandenen organischen Substanz) gibt es noch die Methode der *fraktionierten Kristallisation*, in deren Verlauf durch fraktionierte Abtrennung der bei unterschiedlichen Temperaturen anfallenden Kristallisate, deren erneute mehrmalige Umkristallisation und eine sinnvolle Kombination der einzelnen Kristallisate schließlich zwei oder mehrere in einem Rohprodukt enthaltene organische Substanzen getrennt werden können. Die fraktionierte Kristallisation ist von großer Bedeutung, setzt aber beim Experimentator die perfekte Beherrschung der Methode des Umkristallisierens voraus.

Um z. B. eine schwerer lösliche von einer leichter löslichen Komponente zu trennen, wird das bei der ersten Umkristallisation erhaltene Primärkristallisat wiederholt aus dem gleichen Lösungsmittel umkristallisiert. Dabei wird die Kristallfraktion KA_3 über die Fraktion KA_1 und KA_2 mit den dazugehörenden Mutterlaugen MA_1, MA_2 und MA_3 erhalten.
KA_3 soll ausschließlich aus der schwerer löslichen Komponente A bestehen.
Die Mutterlauge des Primärkristallisats wird schrittweise eingeengt, wobei die Kristallfraktionen KB_1, KB_2 und KB_3 entstehen. KB_3 soll nur das leichter lösliche B enthalten, während in KB_1 und KB_2 der Gehalt an B größer als an A ist.
KB_1 wird aus MA_1, die entstehenden Kristalle KB_1 aus MA_2 umkristallisiert. Die bei der ersten Operation erhaltene Mutterlauge (MB_1) dient zur Umkristallisation von KB_2.
Man erhält so weitere Kristallfraktionen, in denen die schwerer lösliche Komponente A oder das leichter lösliche B angereichert sind.
Durch mehrfache Umkristallisation und weitergehende Kombination der verschiedenen Kristallisate und Mutterlaugen können noch weitere Fraktionen mit unterschiedlichem Gehalt an beiden Komponenten gewonnen werden.

3.2.2. Arbeitstechnik

3.2.2.1. Auswahl des Lösungsmittels

Man gibt etwa eine Spatelspitze der Substanz in ein Reagenzglas und versetzt mit einigen Tropfen eines Lösungsmittels.
Tritt bereits in der Kälte vollständige Lösung ein, so ist dieses Lösungsmittel zur Umkristallisation ungeeignet.
Ist die Substanz wenig löslich oder unlöslich, so erhitzt man vorsichtig zum Sieden. Um eine vollständige Auflösung zu erreichen, werden eventuell noch einige Tropfen Lösungsmittel zugesetzt.
Die Lösung wird heiß filtriert. Das Lösungsmittel ist geeignet, wenn der Schmelzpunkt der beim Abkühlen auskristallisierten Substanz mit dem bekannten Schmelzpunkt der reinen Substanz übereinstimmt (oft nach mehrmaliger Umkristallisation!), bzw. wenn er bei einer unbekannten Verbindung nach wiederholter Umkristallisation konstant bleibt.
Ungeeignet ist das Lösungsmittel, wenn der Stoff aus der heiß gesättigten Lösung nicht wieder auskristallisiert, oder wenn er in der Hitze unlöslich bzw. wenig löslich ist.

3.2. Kristallisation

3.2.2.2. Durchführung der Umkristallisation

Die Substanz wird in einem Rundkolben mit dem zur vollständigen Lösung nicht ausreichenden Lösungsmittel versetzt und mit aufgesetztem Rückflußkühler bis zum Sieden (Siedesteine!) erhitzt.
Durch den Kühler wird portionsweise noch soviel Lösungsmittel zugegeben, bis die umzukristallisierende Substanz (nicht die eventuell schwerlöslichen Verunreinigungen!) beim Siedepunkt der Lösung vollständig gelöst ist.
Die Lösung wird heiß abgesaugt und das Filtrat — wie unter 3.2.1. beschrieben — durch Abkühlen zur Kristallisation gebracht.
Bei übersättigten Lösungen wird durch Kratzen mit dem Glasstab an der inneren Gefäßwand oder durch Zugabe eines Impfkristalls die Kristallisation herbeigeführt.
Durch Filtration (BÜCHNER-Trichter mit Saugflasche) werden die Kristalle von der Mutterlauge getrennt, mit wenig kaltem Lösungsmittel gewaschen und an der Luft oder im Vakuumexsikkator getrocknet.

3.2.3. Aufgabenstellung

2 g verunreinigtes Acetanilid ($F.$ 115 °C aus Wasser) sind aus Wasser umzukristallisieren. Das Kristallisat wird nach dem Absaugen auf einem Tonteller trocken gepreßt und in das Vorratsgefäß „Acetanilid, reinst" gefüllt.
Vermerken Sie im Protokoll den Schmelzpunkt der umkristallisierten Substanz, die zur Umkristallisation benötigte Lösungsmittelmenge und die prozentuale Ausbeute!
Suchen Sie für vier technische bzw. verunreinigte Produkte die geeigneten Lösungsmittel zur Umkristallisation!
Naphthalin ($F.$ 80 °C), m-Dinitrobenzol ($F.$ 90 °C), p-Nitrophenol ($F.$ 114 °C), Bernsteinsäure ($F.$ 183 °C), p-Toluidin ($F.$ 44 °C), Benzamid ($F.$ 130 °C), p-Aminobenzoesäureäthylester ($F.$ 92 °C).
Vermerken Sie im Protokoll das Verhalten der betreffenden Substanz in den verwendeten Lösungsmitteln! Notieren Sie die zur Umkristallisation geeigneten Lösungsmittel und die Schmelzpunkte der Stoffe nach der Umkristallisation (Trocknung jeweils auf der Tonplatte)!

3.2.4. Kontrollfragen

1. Wie ist die Löslichkeit einer Substanz definiert?
2. Warum ist ein Lösungsmittel zur Umkristallisation ungeeignet, wenn die Löslichkeit zwar gut, aber temperaturunabhängig ist?
3. Warum sind Alkohole zur Umkristallisation von Carbonsäuren wenig geeignet?

4. Welches Lösungsmittel (Alkohol, Benzol oder Wasser) ist für die Umkristallisation von Glucose geeignet?

5. Begründen Sie folgende Fakten:

Adipinsäurediamid $H_2NOC-(CH_2)_4-CONH_2$: wasserunlöslich;
N, N, N', N'-Tetramethyl-adipinsäurediamid $(CH_3)_2NOC-(CH_2)_4-CON(CH_3)_2$: wasserlöslich;
Fumarsäure (F. 200°C, sublimiert): wasserunlöslich;
Maleinsäure (F. 130°C): wasserlöslich;
Chloroform: Löslichkeit in Wasser 1,03 (25°C);
Tetrachlorkohlenstoff: Löslichkeit in Wasser 0,077 (25°C).

6. Wieviel reine Substanz A erhalten Sie durch Umkristallisation von 11,1 g Rohprodukt, welches 10 g A, 0,1 g B und 1 g C enthält, aus Wasser? Wieviel Lösungsmittel muß mindestens eingesetzt werden?
Löslichkeit $A = C = 1$ (20°C), $A = C = 10$ (100°C),
$B = 0$ (20°C, 100°C).
Die Löslichkeiten sollen sich im betrachteten Temperaturbereich nicht beeinflussen.

3.3. Vakuumsublimation

3.3.1. Theoretische Grundlagen

Der Dampfdruck einer Flüssigkeit erhöht sich mit steigender Temperatur. Das gleiche gilt auch für feste Stoffe. Viele von ihnen verdampfen beim Erwärmen ohne vorherige Verflüssigung. Diese Erscheinung wird *Sublimation* genannt. Umgekehrt kondensieren sich ihre Dämpfe unter Umgehung der flüssigen Phase direkt zu Kristallen.
Die Abhängigkeit des Dampfdrucks p, hier auch als Sublimationsdruck bezeichnet, eines Feststoffes von der Temperatur wird graphisch durch die *Sublimationsdruck-*

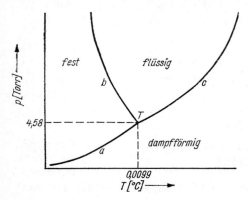

Bild 16   Phasendiagramm des Wassers

(*a* Sublimationskurve, *b* Schmelzdruckkurve, *c* Dampfdruckkurve, *T* Tripelpunkt)

3.3. Vakuumsublimation

kurve (a) dargestellt. Sie liegt unterhalb des sogenannten Tripelpunktes T, bei dem Flüssigkeit und fester Stoff den gleichen Dampfdruck besitzen (siehe Bild 16).

Stoffe mit relativ hohem Dampfdruck erreichen beim Erhitzen den Atmosphärendruck bei einer Temperatur, die unterhalb ihres Schmelzpunktes liegt. Er wird daher beim Erwärmen nicht erreicht, und diese Stoffe gehen direkt in den gasförmigen Zustand über, sie sublimieren also.

Die Temperatur, bei der der Dampfdruck des Feststoffes gleich dem äußeren Druck ist, heißt *Sublimationstemperatur*. Durch Druckerniedrigung kann auch bei festen Stoffen, die bei normalem Druck schmelzen, erreicht werden, daß der Sublimationspunkt unter den Schmelzpunkt verschoben wird (*Vakuumsublimation*).

3.3.2. Arbeitstechnik

Eine Sublimation kann unter Normaldruck oder im Vakuum durchgeführt werden. Sie dient der Reinigung der betreffenden Substanzen. Wiederholte Sublimation führt gewöhnlich zu einem höheren Reinheitsgrad als Umkristallisation (siehe Kapitel 3.2.). Außerdem gestattet die Sublimation auch die Reinigung kleinster Substanzmengen.

Im einfachsten Fall benutzt man im Labor zwei gleichgroße Uhrgläser (Bild 17a) oder eine Porzellanschale und einen Trichter (Bild 17b), dessen Durchmesser etwas

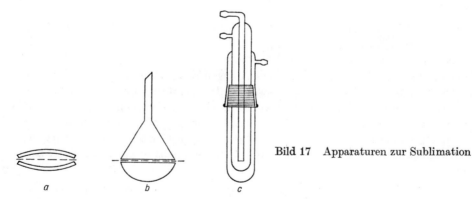

Bild 17 Apparaturen zur Sublimation

kleiner sein soll als der der Schale. Das Trichterrohr wird mit etwas Watte verschlossen. Die zu sublimierende Substanz wird auf das untere Uhrglas bzw. in die Schale gebracht und mit einem durchlöcherten Rundfilter bedeckt, damit das Sublimationsprodukt nicht wieder in das untere Gefäß zurückfallen kann. Man erhitzt langsam auf dem Sandbad.

Bild 17 zeigt außerdem unter (c) eine Vakuumsublimationsapparatur nach SLOTTA. Es ist nicht zweckmäßig, die Sublimationsgeschwindigkeit durch Erhöhung der Temperatur zu steigern, da dann auch die Kristalle im Innern der zu sublimierenden Substanz verdampfen und das Sublimationsprodukt unter Umständen durch zerplatzende Kristalle verunreinigt wird.

Die Kühlfläche soll sich stets dicht über dem Sublimationsraum befinden, wodurch die Sublimationsgeschwindigkeit erhöht wird. Außerdem ist die Substanz fein zu pulvern, da die Sublimation von der Oberfläche her einsetzt. Alle Apparaturen sind erst nach dem völligen Erkalten auseinanderzunehmen, wobei Erschütterungen zu vermeiden sind. Eventuell muß der Schliff der Apparatur nach SLOTTA erwärmt werden.

3.3.3. Aufgabenstellung

Phthalsäureanhydrid ist der Sublimation unter Normaldruck zu unterwerfen. Danach ist der Schmelzpunkt zu bestimmen. Zur Durchführung wird etwa 1 g Substanz in die Porzellanschale gegeben, die mit einem durchlöcherten Rundfilter bedeckt wird. Man setzt den oben mit einem Wattebausch verschlossenen Trichter auf das Filter und erwärmt langsam auf dem Sandbad. Nach beendeter Sublimation läßt man erkalten und bestimmt den Schmelzpunkt nach THIELE.

Die folgenden drei Stoffe sind durch Vakuumsublimation zu reinigen, von den Substanzen (a) und (b) ist anschließend der Schmelzpunkt zu ermitteln:

a) Benzoesäure,

b) Oxalsäure (wasserhaltig),

c) Alizarin.

1 g der Substanz (a) bzw. der Substanz (b) bzw. eine Spatelspitze von (c) wird in die Hülse der SLOTTA-Apparatur eingefüllt. Die Apparatur wird zusammengesetzt, wobei der Schliff gut gefettet sein muß.

Die Wasserkühlung wird angestellt. Nach Anlegen des Vakuums mittels einer Ölpumpe wird im Paraffinbad langsam erwärmt. Die Badtemperatur ist zu kontrollieren und der Sublimationsbeginn im Protokoll zu vermerken.

Nach Beendigung der Sublimation läßt man erkalten und öffnet anschließend vorsichtig die Apparatur. Festgebackene Schliffe sind vom Glasbläser lösen zu lassen. Von den Substanzen (a) und (b) sind danach die Schmelzpunkte nach THIELE zu bestimmen.

Zur Beachtung! Der Schliff der SLOTTA-Apparatur ist nur mit Hochvakuumfett zu behandeln. Andere Fette sowie Glycerin führen zum Festbacken. Das bereitgestellte Glycerin ist für den Vakuumschlauch zwischen Ölpumpe, Manometer und Apparatur bestimmt. Die Apparatur ist mit einem Lappen zu säubern.

3.3.4. Kontrollfragen

1. Was versteht man unter Sublimation, und welche praktische Anwendung findet sie?
2. Welcher Zusammenhang besteht zwischen dem Dampfdruck eines Feststoffes bzw. einer Flüssigkeit und der Temperatur? Die Verhältnisse sind in einem Diagramm am Beispiel des Wassers zu skizzieren (Phasendiagramm des Wassers).

3. Was sagt der Begriff Sublimationspunkt aus?

4. Warum soll die Temperatur, bei der eine Sublimation durchgeführt wird, etwas unter dem Sublimationspunkt liegen?

3.4. Einfache Destillation unter Normaldruck bzw. im Vakuum Ü₆

3.4.1. Theoretische Grundlagen

Die *Destillation* ist eine Grundoperation, bei der in einer geeigneten Apparatur eine Flüssigkeit zum Sieden erhitzt und der entstandene Dampf anschließend wieder kondensiert wird. Diese Operation hat gewöhnlich das Ziel, flüssige Substanzgemische zu trennen und den Temperaturverlauf dieses Vorganges zu verfolgen.

Über allen Flüssigkeiten bildet sich durch Verdunstung ein bestimmtes Flüssigkeits-Dampf-Gleichgewicht und damit ein entsprechender Dampfdruck aus. Die Größe des Dampfdruckes ist abhängig von der Art der Flüssigkeit und von der Temperatur. Mit steigender Temperatur steigt der Dampfdruck einer Flüssigkeit stark an (siehe Bild 18).

Die Temperatur, bei der der Dampfdruck gleich dem äußeren Druck ist, heißt *Siedepunkt*. Der Schnittpunkt der Dampfdruckkurve des Wassers mit der 760-Torr-Ge-

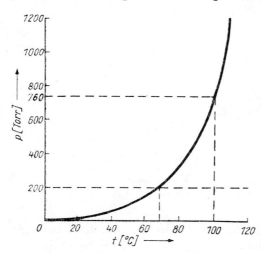

Bild 18 Dampfdruckkurve des Wassers

raden (siehe Bild 18) stellt demzufolge den Siedepunkt des reinen Wassers beim Normaldruck von 760 Torr dar. Jede Flüssigkeit, die sich nicht zersetzt, bevor ihr Dampfdruck 760 Torr erreicht, hat ihren eigenen charakteristischen Siedepunkt unter Normaldruck ($Kp._{760}$). Wie aus Bild 18 außerdem ersichtlich ist, würde Wasser z. B. bei einem äußeren Druck von nur 200 Torr bereits bei etwa 66 °C sieden.

Wegen dieser starken Druckabhängigkeit des Siedepunktes muß neben der Siedetemperatur stets auch der dazugehörige Druck angegeben werden. Für das genannte Beispiel lautet die Siedepunktsangabe: $Kp._{200}$ 66 °C.
Ist kein Druck als Index angegeben, bedeutet dies, daß der Normaldruck von 760 Torr gemeint ist.

Auf Grund der bedeutenden Druckabhängigkeit und der unterschiedlichen Beeinflussung durch Verunreinigungen ist der Siedepunkt für die Charakterisierung von Flüssigkeiten und als Reinheitskriterium weniger geeignet als der Schmelzpunkt bei Feststoffen.

Für die Reinigung einer flüssigen Substanz, die mit geringen Mengen solcher Verbindungen verunreinigt ist, die selbst einen zu vernachlässigenden Dampfdruck beim Siedepunkt der Substanz besitzen (z. B. harzige, polymere Stoffe in technischen oder im Labor dargestellten Rohprodukten), ist die *einfache Destillation* die gegebene Methode.

Für Destillationen von Flüssigkeiten mit einem $Kp._{760}$ zwischen etwa 40 und 150 °C dient eine Apparatur entsprechend Bild 19.

Hierbei wird mit Hilfe einer Wärmequelle (z. B. beheiztes Öl- oder Harzbad) (*g*) im Kolben (*a*) Flüssigkeit verdampft. Der Dampf steigt in den Destillationsaufsatz (*b*) und umspült dort die Thermometerkugel (*c*), so daß die Dampftemperatur am Ther-

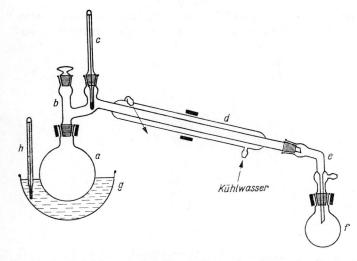

Bild 19 Apparatur für die einfache Destillation bei Normaldruck

mometer verfolgt werden kann. Danach gelangt der Dampf sofort in den Kühler (*d*), wo er kondensiert wird. Das Kondensat fließt über den Vorstoß (*e*) in die Vorlage (*f*). Sowohl Dampf als auch Kondensat haben also insgesamt die *gleiche* Strömungsrichtung.

In Bild 19 ist der Aufsatz (*b*) in der auch für Vakuumdestillationen (siehe Kapitel 3.5.) geeigneten Ausführung nach CLAISEN gleich an den Kühler (*d*) angeschmolzen. Beide Teile werden auch getrennt hergestellt und sind durch Normalschliffe verbindbar.

3.4. Einfache Destillation unter Normaldruck bzw. im Vakuum

Es ist darauf zu achten, daß die Quecksilberkugel des Thermometers so weit in den Destillationsaufsatz (b) hineinragt, daß sie vollständig durch die in den Kühler fließenden Dämpfe benetzt wird. Ansonsten ist das Thermometer auszuwechseln!

Die meisten Flüssigkeiten neigen zu Überhitzungen, d. h. sie werden erst mehr oder weniger über den eigentlichen Siedepunkt erhitzt, ehe sie dann stoßweise heftig zu sieden beginnen. Diese metastabilen Zustände, die zu *Siedeverzügen* führen, werden beseitigt, indem man in den Kolben grundsätzlich einige „*Siedesteine*" (unglasierte, poröse Tonscherben) gibt.

Beim Erhitzen treten aus den Siedesteinen kleine Luftbläschen, die die Dampfbildung initiieren. Falls die Destillation unterbrochen wurde und das zu destillierende Gut abkühlen konnte, füllen sich die Poren der Siedesteine mit Flüssigkeit. Dadurch werden sie unwirksam und sind durch neue zu ersetzen.

Wurde einmal die Zugabe von Siedesteinen vergessen, muß die erhitzte Flüssigkeit erst wieder mindestens 10 °C unter den Siedepunkt der niedrigst siedenden Komponente abkühlen, ehe man die Siedesteine in den Kolben gibt. Sonst wird der eventuelle Siedeverzug plötzlich aufgehoben, und die Flüssigkeit spritzt, sich u. U. an der Heizquelle sofort entzündend, aus der Apparatur.

Viele Substanzen zersetzen sich unterhalb ihres Siedepunktes bei Normaldruck. Andere haben zu hohe, unbequeme Siedepunkte. Bei solchen Flüssigkeiten ist die *einfache Destillation* oft gut *unter reduziertem Druck* durchzuführen, da der mit der Temperatur ansteigende Dampfdruck einer Flüssigkeit dem äußeren Druck um so eher gleicht, je niedriger letzterer ist. Oft genügt bereits das Vakuum einer guten Wasserstrahlpumpe (10 bis 15 Torr).

Ausgehend von einem gegebenen Siedepunkt für eine bestimmte Flüssigkeit kann man weitere Werte bei anderen Drücken nach folgender Regel grob ermitteln: *Eine Druckverminderung um die Hälfte erniedrigt den Siedepunkt um etwa 15 °C*. Eine Substanz mit dem $Kp._{760}$ 200 °C siedet dann bei 380 Torr bei etwa 185 °C ($Kp._{380}$ 185 °C), bei 190 Torr bei etwa 170 °C ($Kp._{190}$ 170 °C) usw.

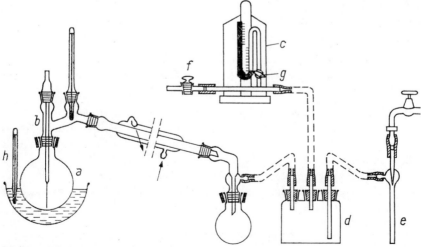

Bild 20   Einfache Vakuumdestillation

Bild 20 zeigt die Gesamtansicht einer solchen einfachen Vakuumdestillation.
Bei Destillationen im Vakuum werden die Siedeverzüge durch eine Siedekapillare (*a*) unterbunden. Sie besteht aus einem dünnen Glasrohr, das an einen NS 14,5-Schliffkern angeschmolzen ist, mit dem atmosphärischen Druck in Verbindung steht und unten zu einer feinen Kapillare ausgezogen ist, die knapp über dem Kolbenboden endet. Bei Anlegen des Vakuums perlt aus der Kapillaröffnung eine Kette feiner Gasbläschen, die einen gleichmäßigen Siedeverlauf ermöglichen.
Die Destillationsapparatur entspricht weitgehend der bei Normaldruck verwendeten, nur daß der CLAISEN-Aufsatz (*b*) jetzt die Siedekapillare zusätzlich aufnimmt.

Die Apparatur und das Manometer (*c*) werden stets über ein Sicherheitsvolumen (z. B. WOULFEsche Flasche (*d*)) an die Wasserstrahlpumpe (*e*) angeschlossen, um ein Zurücksteigen des Wassers ins Destillat bzw. ins Manometer zu verhindern.
Manometer und Apparatur sind im Nebenschluß miteinander verbunden!

3.4.2. Arbeitstechnik

3.4.2.1. Destillation unter Normaldruck

Der Kolben (*a*) wird mit Hilfe eines Trichters maximal zu zwei Dritteln mit dem zu destillierenden Gut (z. B. Acrylnitril — Vorsicht! siehe Kapitel 3.2. —, Essigsäureäthylester, i-Propanol, Tetrachloräthan) gefüllt. Vorher werden Volumen bzw. Gewicht der Flüssigkeit gemessen!
Danach ist die trockene und saubere Destillationsapparatur entsprechend Bild 19 zusammenzufügen, an Stativen zu befestigen (dabei sind die im Kapitel 1 gegebenen Hinweise für das Fetten und den Zusammenbau von Schliffen zu beachten!), und das Kühlwasser ist anzustellen.

Als Heizbad (*g*) dient eine Schale mit Öl oder wasserlöslichem Polyäthylenoxidharz (Harzbäder müssen vorher aufgeschmolzen werden, ohne sie bereits zu stark zu erhitzen), die durch einen Bunsenbrenner beheizt wird.

Man reguliert das Heizbad, dessen Temperatur mittels eines weiteren, am Stativ befestigten Thermometers (*h*) kontrolliert wird, so ein, daß der Kolbeninhalt gleichmäßig und langsam siedet und nicht mehr als ein bis zwei Tropfen sauberen und klaren Destillats in der Sekunde übergehen.
Nur so wird am Thermometer eine dem Flüssigkeits-Dampf-Gleichgewicht entsprechende Temperatur ablesbar, die man notiert. Bei zu schnellem Destillieren erfolgt leicht Überhitzung des Dampfes!
Es darf nie bis zur Trockne destilliert werden! Man bricht die Destillation ab, wenn der Siedepunkt durch Dampfüberhitzung um 2 bis 3 °C über den bis dahin konstanten Wert ansteigt.

3.4. Einfache Destillation unter Normaldruck bzw. im Vakuum

Schließlich werden noch die Volumina bzw. Gewichte des Destillats und des Destillationsrückstandes bestimmt.

Enthält die Flüssigkeit geringe Mengen leichter siedender Verunreinigungen, so gehen diese als *Vorlauf* vor der Hauptmenge (*Hauptlauf*) über.
Der Vorlauf ist durch Wechseln der Vorlage bei Ansteigen der Temperatur auf die Siedetemperatur des Hauptlaufes abzutrennen.
Steigt die Siedetemperatur beim Übergehen des Hauptlaufes schon wesentlich vor dem Ende der Destillation trotz gleichmäßig langsamer Tropfgeschwindigkeit an, ist die Vorlage nochmals zu wechseln und der sogenannte *Nachlauf* aufzufangen.

3.4.2.2. Vakuumdestillation

Während der Vakuumdestillation ist eine Schutzbrille zu tragen!

Das Füllen des Destillationskolbens (*a*) mit der im Wasserstrahlvakuum zu destillierenden Flüssigkeit (z. B. Cyclohexanon, Dimethylformamid, Tetralin, o-Toluidin) erfolgt höchstens bis zur Hälfte des Gefäßvolumens. Die gesamte Apparatur wird entsprechend Bild 20 zusammengefügt.
Die benötigte Siedekapillare wird erhalten, indem das Glasrohr zunächst in einer kräftigen, entleuchteten Bunsenflamme vorgezogen wird, um anschließend über kleiner Flamme durch nochmaliges Ausziehen die benötigte Feinheit zu erhalten. Die Kapillaröffnung ist fein genug, wenn beim Hineinblasen aus der in Aceton oder Methanol getauchten Spitze nur einzelne kleine Luftbläschen austreten.
Die Verbindung von Destillationsapparatur, Manometer, WOULFEscher Flasche und Wasserstrahlpumpe erfolgt mit dickwandigem Vakuumschlauch.
Zuerst wird stets die *Apparatur evakuiert* (nach Schließung des Hahns (*f*)). Durch jeweils *kurzes* Öffnen des Manometerhahns (*g*) wird die Einstellung des Vakuums verfolgt. Aus der Siedekapillare müssen Luftbläschen austreten.

Falls auf Grund undichter Schliffe kein oder nur ein ungenügendes Vakuum entsteht, sind diese sorgfältig zu reinigen und erneut zu fetten!

Erst nach Einstellung des Vakuums wird der Kolben mittels Heizbad *erwärmt*. Während der Destillation werden ständig Temperatur und Vakuum verfolgt.
Bei *Beendigung der Destillation* wird *zuerst* die *Heizquelle entfernt* und, nachdem der Kolben etwas abgekühlt ist, durch *langsames* Öffnen des Hahns (*f*) das Vakuum aufgehoben.
Zuletzt wird die Wasserstrahlpumpe abgestellt und durch *vorsichtiges Öffnen des Manometerhahns* (*g*) das Vakuum auch im Manometer aufgehoben (bei schneller Öffnung kann das zurückschlagende Quecksilber das Glasrohr zertrümmern!).
Die Volumina bzw. Gewichte von Destillationsrückstand und Destillat werden wiederum bestimmt.

Falls Vor- und Nachläufe auftreten, muß die Destillation entweder zum Zwecke des Vorlagenwechsels unterbrochen werden (zuerst immer Entfernung der Heizquelle, dann erst Aufhebung des Vakuums!), oder man verwendet spezielle Vorstöße, die die Vorlage unter Beibehaltung des Vakuums auszutauschen gestatten (vgl. Kapitel 3.5.).

3.4.3. Aufgabenstellung

Es ist eine organische Flüssigkeit durch einfache Destillation unter Normaldruck zu reinigen.
Dabei ist der Siedepunkt zu bestimmen und der Siedeverlust in ml bzw. g und in Vol.-% bzw. Gew.-% anzugeben.
Im Versuchsprotokoll ist außerdem die Temperatur des Heizbades und ihre evtl. Veränderung während der Destillation anzugeben.
Eine zweite organische flüssige Substanz ist einer einfachen Destillation im Wasserstrahlpumpenvakuum zu unterwerfen. Der Siedepunkt und das erreichte Vakuum sind zu bestimmen und ihre evtl. Veränderungen im Verlaufe der Destillation im Protokoll festzuhalten.
Der Siedeverlust ist wiederum in ml bzw. g und in Vol.-% bzw. Gew.-% zu ermitteln.
Die Temperatur des Heizbades und beobachtete Änderungen sind zu protokollieren.

3.4.4. Kontrollfragen

1. Warum soll die Füllmenge im Destillationskolben nicht wesentlich geringer sein als die Hälfte des Kolbenvolumens?

2. Warum füllt man den Destillationskolben für Destillationen
    a) bei Normaldruck nicht mehr als zu $2/3$
    b) bei Vakuum nicht mehr als zur Hälfte seines Volumens?

3. Warum verdampft nicht sofort die gesamte Flüssigkeit bei Erreichen des Siedepunktes?

4. Eine flüssige organische Substanz soll durch Destillation gereinigt werden, zersetzt sich aber bereits oberhalb 100 °C. Bei 100 °C hat sie aber erst einen Dampfdruck von 30 Torr. Wie ist zu verfahren?

5. Welche Verfälschung erfährt die gemessene Siedetemperatur, wenn die Thermometerkugel nicht vollständig vom Dampf umspült wird?

6. Was ist zu tun, wenn z. B. bei einer Vakuumdestillation das Destillat in der Vorlage einen so hohen Dampfdruck besitzt, daß mit der Verdunstung einer größeren Menge gerechnet werden muß?

3.5. Rektifikation

3.5.1. Theoretische Grundlagen

Im Gegensatz zur einfachen Destillation Ü$_6$, bei der Dampf und Kondensat auf dem gesamten Weg durch die Apparatur einmalig in gleicher Richtung fließen, läuft bei der *Gegenstromdestillation* oder *Rektifikation* fortwährend ein Teil des Kondensats wieder dem Dampf entgegen. Dieses Prinzip läßt sich in Destillationskolonnen realisieren.

Die Rektifikation dient der Trennung von Flüssigkeitsgemischen, bei denen die Siedepunkte der Komponenten weniger als etwa 80 °C auseinanderliegen, deren Dampfdrücke also vergleichbar werden. Eine einzelne einfache Destillation führt dann nicht mehr zum Ziel. In Analogie zum Siedeverhalten einer reinen Flüssigkeit beginnt ein binäres Gemisch zweier vollständig mischbarer Flüssigkeiten[1]) bei jener Temperatur zu sieden, bei der der Gesamtdampfdruck beider Komponenten den Wert des äußeren Druckes erreicht. So beginnt z. B. ein äquimolares Gemisch von Äthanol und n-Butanol bei etwa 93 °C unter Atmosphärendruck zu sieden (reines Äthanol siedet bei 78 °C, reines n-Butanol bei 117,5 °C). Das übergegangene erste Destillat enthält allerdings einen höheren Anteil an Äthanol als die Mischung. Das Zustandekommen dieser Anreicherung an niedriger siedender Komponente, die die Grundlage für die destillative Trennung durch Rektifikation ist, soll näher betrachtet werden.

Beide Mischungskomponenten, Äthanol und n-Butanol, tragen bei der entsprechenden Temperatur zum Gesamtdampfdruck über der Flüssigkeit mit ihrem sogenannten *Partialdruck* bei. Nach dem RAOULTschen *Gesetz* ist der Partialdruck $p_Ä$ gleich dem Dampfdruck $P_Ä$ der reinen Substanz $Ä$, multipliziert mit ihrem Molenbruch $x_Ä$ in der Mischung.

Der Molenbruch x ist ein Konzentrationsmaß und bei binären Mischungen gegeben durch den Quotienten aus der Zahl der Mole der betrachteten Mischungskomponente und der Summe der Anzahl von Molen beider enthaltenen Stoffe, z. B.:

$$x_{\text{Äthanol}} = \frac{n_{\text{Äthanol}}}{n_{\text{Äthanol}} + n_{\text{n-Butanol}}}.$$

Da bei 93 °C der Dampfdruck von Äthanol etwa 1260 Torr beträgt, ergibt sich sein Partialdruck $p_Ä$ über der o. g. Mischung zu:

$$\begin{aligned} p_Ä &= P_Ä \cdot x_Ä, \\ &= 1260 \cdot 1/2, \\ &= 630 \text{ Torr}. \end{aligned} \quad (3.5.1.1)$$

---

[1]) Dampfdruck- und Siedeverhalten zweier nicht miteinander mischbarer Flüssigkeiten siehe Versuch Ü$_8$ (Wasserdampfdestillation)!

Für n-Butanol ergibt sich:

$$p_B = P_B \cdot x_B,$$
$$= 260 \cdot 1/2, \qquad (3.5.1.2)$$
$$= 130 \text{ Torr}.$$

Der Gesamtdruck ergibt sich zu 760 Torr, die Mischung beginnt zu sieden. Da der Partialdruck des Äthanols aber $\dfrac{630}{760} \cdot 100\% = 83\%$ des Gesamtdruckes ausmacht, enthält der erste abdestillierte Dampf 83 Mol-% Äthanol und nur 17 Mol-% n-Butanol.

Dieses Prinzip, nach dem der Dampf immer reicher an der niedrig siedenden Komponente (höherer Dampfdruck) ist, bildet die Grundlage der möglichen Auftrennung der Mischung. Da der Dampf einen höheren Äthanolanteil enthält, wird der Rückstand reicher an n-Butanol, d. h., dessen Molenbruch vergrößert sich. Dadurch wird aber entsprechend Gleichung (3.5.1.2) der Partialdruck der höher siedenden Komponente n-Butanol erhöht.

Während also insgesamt der Rückstand kontinuierlich reicher an Butanol wird, steigt gleichzeitig der Siedepunkt an, und der Butanolanteil im Dampf nimmt langsam zu.

Fängt man die übergehende Flüssigkeit bei dieser *einfachen Destillation* in Fraktionen auf, sind die ersten reicher, die letzten ärmer an Äthanol als die Mischung. Anschaulich läßt sich der Siedeverlauf an folgendem Diagramm erkennen (Bild 21):

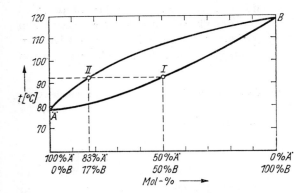

Bild 21 Siedediagramm einer Äthanol/n-Butanol-Mischung

Die untere Kurve gibt die Abhängigkeit der Siedepunkte beliebiger Äthanol-n-Butanol-Gemische von ihrer Zusammensetzung (in Mol-%) an.

Die darüberliegende Kurve beschreibt die dazugehörigen Dampfzusammensetzungen nach dem RAOULTschen Gesetz.

Das oben diskutierte 1:1-Gemisch siedet bei 93 °C (Punkt *I*) und entwickelt dabei einen Dampf der Zusammensetzung entsprechend Punkt *II* (83 Mol-% Äthanol). Durch Kondensation dieses Dampfes in der Destillationsapparatur wird der Rückstand reicher an Butanol, und die Destillation schreitet bei steigendem Siedepunkt entlang der unteren Kurve in Richtung *B* fort.

3.5. Rektifikation

Unterwirft man die einzelnen, innerhalb bestimmter Temperaturbereiche aufgefangenen Fraktionen weiteren einfachen Destillationen entsprechend Bild 21, gelingt schließlich die Auftrennung in die beiden reinen Komponenten.

Solche Mischungen, die dem RAOULTschen Gesetz zumindest näherungsweise genügen, werden als „*ideal*" bezeichnet. Bei den in der Praxis vorkommenden „*realen*" Gemischen treten z. T. bedeutende Abweichungen vom durch das RAOULTsche Gesetz vorausgesagten Destillationsverhalten auf. So können in den jeweiligen Siedediagrammen Maxima oder Minima entstehen. Man hat es dort mit *azeotrop siedenden Mischungen* zu tun, die durch Destillation nicht auftrennbar sind, weil der entstehende Dampf die gleiche Zusammensetzung aufweist wie die Flüssigkeit (z. B. 96%iges wäßriges Äthanol).

Anstelle des o. g. aufwendigen Verfahrens wiederholter einfacher Destillationen mit jeweils diskontinuierlicher Einstellung des Flüssigkeits-Dampf-Gleichgewichtes gemäß den Gleichungen (3.5.1.1) und (3.5.1.2) läßt sich das gleiche Ergebnis durch eine *kontinuierliche Gegenstromdestillation* mittels einer *Kolonne* erreichen.

Die Funktion einer Kolonne läßt sich am besten am Beispiel der Glockenbodenkolonne erläutern (Bild 22):

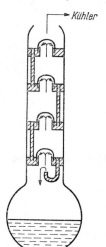

Bild 22   Glockenbodenkolonne (schematisch)

Bei unserem Beispiel der 1:1-Mischung von Äthanol und n-Butanol (Punkt I in Bild 21) erreicht zunächst ein Dampf der Zusammensetzung II die erste Kammer und kondensiert hier teilweise. Das Kondensat ist etwas reicher an n-Butanol als der ursprüngliche Dampf. Es sammelt sich auf dem ersten Boden. Weiterer aufsteigender Dampf wird durch die Glocke zu inniger Berührung mit der kondensierten Flüssigkeit gezwungen. Inzwischen hat der restliche, äthanolreichere Dampf die zweite Kammer erreicht, wo sich der ganze Prozeß wiederholt usw.

An jedem Boden erfolgt bei genügend langsamem Siedeprozeß die Gleichgewichtseinstellung zwischen Dampf und Destillat in bezug auf Zusammensetzung und Temperatur, und es scheint, als ob das Kondensat z. T. durch den aufsteigenden heißen Dampf redestilliert würde.

Dadurch wird der Dampf in jeder Kammer reicher an Äthanol (gleichzeitig sinkt auch die Temperatur), und es hängt nur von der Wirksamkeit der Kolonne, ausgedrückt in *theoretischen Böden* ab, ob schließlich praktisch reines Äthanol die Kolonne verläßt.

Die Zahl der theoretischen Böden der Kolonne ist der Zahl einfacher Destillationen äquivalent, die notwendig wären, um den gleichen Trenneffekt zu erhalten wie bei der Rektifikation mittels Kolonne.

Ein Beispiel für eine einfache Kolonnenausführung in der Laboratoriumspraxis ist die VIGREUX-Kolonne, die meist zur weitgehenden Vermeidung von Wärmeverlusten mit einem Luft- oder Vakuummantel versehen ist (Bild 23).

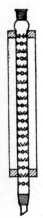

Bild 23 VIGREUX-Kolonne mit Luftmantel

Bei hochsiedenden oder thermisch instabilen Gemischen kann die Rektifikation natürlich auch im Vakuum erfolgen.

3.5.2. Arbeitstechnik

3.5.2.1. Rektifikation unter Normaldruck

In die für die einfache Destillation unter Normaldruck verwendete Apparatur (Bild 19, Kapitel 3.4.1.) wird zwischen Destillationskolben und CLAISEN-Aufsatz zusätzlich eine VIGREUX-Kolonne mit Luftmantel (etwa 30 cm) eingesetzt.

Der bis zu maximal zwei Dritteln mit dem zu trennenden Gemisch gefüllte Destillationskolben wird auf dem Heizbad so erhitzt, daß der Siedeprozeß langsam und gleichmäßig beginnt und schließlich ein bis zwei Tropfen pro Sekunde übergehen. Wenn man zu schnell destilliert, strömt der Dampf ohne Gleichgewichtseinstellung mit der herabfließenden Flüssigkeit in den Kühler, und eine Fraktionierung wird dann unmöglich.

Man beachte sämtliche im Kapitel 3.4.2.1. (Destillation unter Normaldruck) gegebenen Hinweise zur Vorbereitung und Durchführung einer Destillation!

3.5. Rektifikation

Zunächst steigt die Siedetemperatur, unter Umständen langsam, bis zu einem konstanten Wert an. Die bis zu diesem Punkt übergehende Fraktion stellt den *Vorlauf* dar. Nach Auswechseln der Vorlage wird anschließend bei etwa konstantem Siedepunkt die *erste Hauptfraktion* aufgefangen. Wenn danach die Temperatur des überdestillierenden Dampfes erneut ansteigt, wird bis zum Erreichen eines zweiten annähernd konstanten Siedepunktes eine *Zwischenfraktion* aufgefangen, der die *zweite Hauptfraktion* folgt. Bei Mehrkomponentensystemen wiederholen sich diese Vorgänge je nach Zahl der trennbaren Einzelkomponenten.

3.5.2.2. Rektifikation im Vakuum

Während der Vakuumdestillation ist eine Schutzbrille zu tragen!

Für die Rektifikation im Vakuum wird die für einfache Destillationen im Vakuum angegebene Anordnung (Bild 20, Kapitel 3.4.1.) mit den folgenden Abänderungen verwendet:

Zwischen Destillationskolben (*a*) und CLAISEN-Aufsatz (*b*) wird eine VIGREUX-Kolonne mit Luftmantel (etwa 30 cm) eingesetzt.
Um eine Siedekapillare einführen zu können, wird als Destillationsgefäß ein Zweihalsrundkolben benötigt (Bild 24). Der am CLAISEN-Aufsatz frei werdende Schliff wird mit einem Schliffstopfen verschlossen.
Anstelle des einfachen Vorstoßes verwendet man die Ausführung nach ANSCHÜTZ und THIELE (Bild 25).

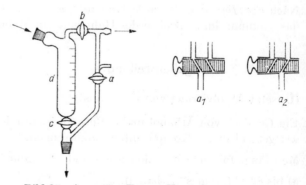

Bild 24 Zweihalsrundkolben mit Siedekapillare

Bild 25 ANSCHÜTZ-THIELE-Vorstoß

Zunächst wird der Zweihalskolben etwa bis zur Hälfte mit dem zu rektifizierenden Gut gefüllt und die gesamte Destillationsapparatur zusammengestellt.

Man beachte sämtliche im Kapitel 3.4.2.2. gegebenen Hinweise zur Vorbereitung und Durchführung einer Destillation unter vermindertem Druck!

Für alle weiteren Operationen ist es von entscheidender Bedeutung, daß die Hähne (a), (b) und (c) des ANSCHÜTZ-THIELE-Vorstoßes sorgfältig gefettet sind.

Zuerst wird die *Apparatur* durch Schließen des Hahnes (a) (Stellung a_1) bei geöffnetem Hahn (b) *evakuiert*. Am Manometer wird die Einstellung des Vakuums kontrolliert. Aus der Siedekapillare treten Luftbläschen aus. *Nachdem* sich ein *konstantes Vakuum* eingestellt hat, wird der Destillationskolben mittels Heizbad *erwärmt*. Bei einer Destillationsgeschwindigkeit von ein bis zwei Tropfen je Sekunde werden nun, wie in Kapitel 3.5.2.1. (Rektifikation unter Normaldruck) beschrieben, die einzelnen Fraktionen nacheinander abgenommen.

Der ANSCHÜTZ-THIELE-Vorstoß gestattet das Auswechseln der Vorlage nach vollständigem Übergang jeder Fraktion ohne Unterbrechung des Vakuums und damit des Destillationsvorganges:

Durch Öffnung des Hahnes (c) wird das zur Volumenabschätzung im graduierten Teil (d) des Vorstoßes gesammelte Destillat in die Vorlage abgelassen.

Nachdem das Ansteigen der Siedetemperatur (bei gleichbleibendem Vakuum!) angezeigt hat, daß ein Zwischenlauf oder eine neue Hauptfraktion überdestilliert, wird der Hahn (c) geschlossen und der Hahn (a) durch Drehen um 180° in Stellung a_2 gebracht.

Dadurch wird die Vorlage belüftet und kann gegen einen leeren Kolben ausgewechselt werden, während sich das inzwischen übergehende Destillat in (d) sammelt.

Nachdem die neue Vorlage angebracht ist, wird der Hahn (b) geschlossen und der Hahn (a) wieder in Stellung (a_1) gebracht.

Jetzt wird der frische Kolben evakuiert. Nach etwa 15 bis 30 Sekunden kann der Hahn (b) wieder geöffnet werden.

Beim Übergehen der nächsten Fraktion verfährt man in der gleichen Reihenfolge.

Nach *Beendigung* der Destillation wird wieder *zuerst* die *Heizquelle entfernt* und dann das Vakuum durch Drehen des Hahnes (a) in Stellung a_2 aufgehoben.

3.5.3. Aufgabenstellung

($Ü_7$ setzt Absolvierung von $Ü_6$ voraus!)

Ein Gemisch von Äthanol und n-Butanol ist durch *Rektifikation unter Normaldruck* weitgehend in die Komponenten aufzutrennen.

Man fängt folgende Fraktionen auf und bestimmt ihre Volumina:

a) bis 82 °C („reines" Äthanol),

b) 83 bis 110 °C (Zwischenfraktion),

c) Rückstand.

Der Rückstand (c) wird anschließend einer *einfachen Destillation unter Normaldruck* (vgl. Kapitel 3.4.2.1.) unterworfen, wobei man das bei 110 bis 118 °C übergehende Destillat als „reines" n-Butanol sammelt und sein Volumen bestimmt. Die Temperatur des Heizbades und vorgenommene Änderungen sind zu protokollieren.

3.6. Wasserdampfdestillation und Extraktion

Ein Gemisch von o-Xylol und Dekalin (technisch) soll durch *Rektifikation im Wasserstrahlpumpen-Vakuum* möglichst weitgehend in die Bestandteile getrennt werden. Man fängt die Fraktion „reines" o-Xylol, eine Zwischenfraktion und eine zweite Hauptfraktion „reines" Dekalin auf.

Da die jeweiligen Siedepunkte vom erreichten Vakuum abhängen, richtet man sich zur Abgrenzung der einzelnen Fraktionen prinzipiell nach dem Ansteigen bzw. Konstantbleiben der Siedetemperatur (vgl. Kapitel 3.5.2.1.).

Als zusätzliche Orientierungen dienen folgende Siedepunktsangaben:

o-Xylol: $Kp._{10}$ 33 bis 34 °C,
$Kp._{15}$ 42 bis 43 °C,

Dekalin: $Kp._{12}$ 67 bis 71 °C.
(technisch)

Für die einzelnen Fraktionen werden jeweils das tatsächlich erhaltene Vakuum und die beobachtete Siedetemperatur tabelliert. In die Tabelle trägt man auch die Volumina der Fraktionen und des Destillationsrückstandes ein.

Außerdem sind die Temperatur des Heizbades und notwendig gewordene Änderungen zu protokollieren.

3.5.4. Kontrollfragen

1. Warum soll eine Kolonne gegen die Umgebung weitgehend wärmeisoliert und u. U. sogar beheizt sein?
2. Wie könnte man die Trennwirkung (Bodenzahl) des in Bild 23 gezeigten Kolonnentyps variieren?
3. Was versteht man unter einem Azeotrop?
4. Erläutern Sie die Wirkungsweise einer Glockenbodenkolonne!
5. Erklären Sie, warum der Dampf über einem Flüssigkeitsgemisch immer reicher an der niedrig siedenden Komponente ist!

3.6. Wasserdampfdestillation und Extraktion

3.6.1. Theoretische Grundlagen

3.6.1.1. Wasserdampfdestillation

Das Prinzip der *Wasserdampfdestillation* beruht darauf, daß viele hochsiedende, mit Wasser nur wenig oder nicht mischbare, d. h. in Wasser nicht lösliche Stoffe von eingeblasenem Wasserdampf verflüchtigt und mit ihm zusammen im angeschlossenen Kühler kondensiert werden können.

Die Dampfdrücke zweier solcher Substanzen beeinflussen sich nicht, im Gegensatz zu ineinander löslichen Stoffen (siehe Kapitel 3.5.).
Der Totaldampfdruck p ist demnach gleich der Summe der Einzeldrücke p_A und p_B der reinen Komponenten. Er ist unabhängig vom Mischungsverhältnis der Partner:

$$p = p_A + p_B.$$

Der Siedepunkt des heterogenen Gemisches, der dann erreicht ist, wenn die Summe der Einzeldampfdrücke gleich dem Atmosphärendruck geworden ist, liegt demnach stets tiefer als der Siedepunkt der niedrigst siedenden Komponente und bleibt konstant, solange die beiden Phasen koexistieren. Die Zusammensetzung des Dampfes und damit des Destillats ergibt sich aus dem Gesetz von AVOGADRO. Die Komponenten A und B werden bei der Siedetemperatur im molekularen Verhältnis ihrer Dampfdrücke p_A und p_B übergehen.
Das absolute Verhältnis wird durch Einsetzen der Molzahlen n_A bzw. n_B gewonnen:

$$\frac{n_A}{n_B} = \frac{p_A}{p_B}.$$

Das Gewichtsverhältnis $\frac{m_A}{m_B}$ ergibt sich dann aus der Beziehung

$$\frac{m_A}{m_B} = \frac{M_A \cdot n_A}{M_B \cdot n_B} = \frac{M_A \cdot p_A}{M_B \cdot p_B},$$

wobei M_A bzw. M_B die Molekulargewichte der Komponenten bedeuten. Die Anwendung dieser Gleichung erlaubt z. B. die Berechnung der Zusammensetzung des Destillats Anilin/Wasser.
Der Siedepunkt dieses Gemisches beträgt bei Atmosphärendruck 98,5 °C. Der Dampfdruck von Anilin beträgt bei dieser Temperatur 43 Torr, der von Wasser 717 Torr. Es ergibt sich für das Gewichtsverhältnis

$$\frac{m_{\text{Anilin}}}{m_{\text{Wasser}}} = \frac{93 \cdot 43}{18 \cdot 717} = 0{,}31.$$

Das Destillat steht also im Gewichtsverhältnis Anilin:Wasser wie 0,31:1.
Die Wasserdampfflüchtigkeit eines Stoffes hängt oft mit seiner Struktur zusammen. So ist z. B. o-Nitrophenol, das eine intramolekulare Wasserstoffbrücke zwischen den beiden o-ständigen Substituenten ausbilden kann, im Gegensatz zu seinem m- und p-Isomeren mit Wasserdampf flüchtig:

3.6. Wasserdampfdestillation und Extraktion

3.6.1.2. Extraktion

Die Überführung einer Substanz aus einer Phase, in der sie gelöst oder suspendiert ist, in eine andere flüssige Phase wird *Extraktion* genannt.
Bei diskontinuierlicher Arbeitsweise spricht man auch vom *Ausschütteln*, bei kontinuierlicher von *Perforation*.
Als Extraktionsmittel können z. B. Äther, Chloroform, Essigester, Benzol und Amylalkohol, im Prinzip aber auch alle anderen flüssigen organischen Verbindungen verwendet werden.
Die Substanz verteilt sich auf die beiden Phasen im Verhältnis ihrer Löslichkeit in jeder von ihnen. Dieses Verhältnis ist konstant, und es gilt der *Verteilungssatz von* NERNST:

$$\frac{c_A}{c_B} = k.$$

Dabei bedeutet c die Konzentration in den Phasen A bzw. B. Die Gleichgewichtskonstante k, der *Verteilungskoeffizient*, ist abhängig von der Temperatur.
Ist ein Stoff im Extraktionsmittel viel besser löslich als in der anderen Phase, so ist eine Extraktion leicht möglich; k hat dann einen stark von eins abweichenden Wert.

3.6.2. Arbeitstechnik

3.6.2.1. Wasserdampfdestillation

Die Wasserdampfdestillation ist ein wichtiges, im Laboratorium und in der chemischen Großindustrie häufig angewandtes Reinigungsverfahren. Es ermöglicht die Trennung von Schmieren und Isomeren, wenn andere Methoden, wie Extraktion bzw. normale Destillation, versagen.
Um festzustellen, ob eine Substanz mit Wasserdampf flüchtig ist, erhitzt man eine kleine Menge zusammen mit 2 ml Wasser in einem Reagenzglas. Über die entweichenden Dämpfe wird der Boden eines mit Eis beschickten zweiten Reagenzglases gehalten, bis sich ein Flüssigkeitstropfen daran kondensiert hat. Ist dieser getrübt, so liegt Wasserdampfflüchtigkeit vor. Den Aufbau einer Apparatur zur Wasserdampfdestillation zeigt Bild 26.

In der Dampfkanne (*a*) (auch ein Standkolben ist verwendbar) wird Wasserdampf erzeugt. Das Steigrohr (*b*) dient zum Druckausgleich, das Zwischenstück (*c*) zum Ablassen von Wasserkondensat. Der Dampf tritt durch das Einleitungsrohr (*d*) in den Destillationskolben (*e*), der das zu trennende Gemisch enthält und meist ebenfalls beheizt wird. Das Wasserdampfdestillat wird durch den Destillationsaufsatz (*f*) mit dem Thermometer (*g*) in den Kühler (*h*) getrieben, kondensiert dort und tropft durch den Vorstoß (*i*) in die Vorlage (*k*).

Kleine Substanzmengen können auch unter Zugabe einer gewissen Menge Wasser ohne Verwendung einer Dampfkanne direkt überdestilliert werden.

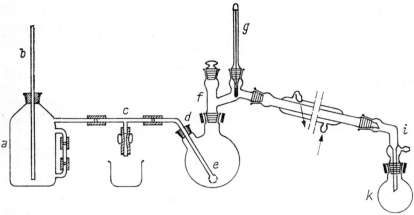

Bild 26 Apparatur zur Wasserdampfdestillation

3.6.2.2. Extraktion

Zum Ausschütteln benutzt man einen Scheidetrichter (Bild 27) oder bei kleinen Flüssigkeitsvolumina einen Tropftrichter mit kurzem, schräg angeschliffenem Ansatzrohr.
Die auszuschüttelnde, meist wäßrige Lösung wird im Scheidetrichter mit 1/5 bis 1/3 ihres Volumens mit Extraktionsmittel versetzt, so daß das Gefäß höchstens zu 2/3 gefüllt ist.

Bild 27 Scheidetrichter

Bei Äther als Extraktionsmittel ist die gesamte Operation im Ätherraum durchzuführen!

Nach Verschließen des Schüttelgefäßes wird unter Festhalten des Stopfens und des Hahnkükens zunächst vorsichtig geschüttelt. Es entsteht meist ein Überdruck, der durch kurzzeitiges Öffnen des Hahnkükens bei nach oben gerichtetem Ansatzrohr

3.6. Wasserdampfdestillation und Extraktion

abzulassen ist. Dies wird so lange wiederholt, bis kein Überdruck mehr vorhanden ist. Nun erst wird ein bis zwei Minuten lang kräftig geschüttelt. Durch Stehenlassen trennen sich die Phasen. Die untere ist durch den Auslauf abzulassen, während die darüber liegende Phase durch die obere Öffnung auszugießen ist.

Das Ziel einer Extraktion ist es, die Substanz möglichst quantitativ aus der meist wäßrigen Phase herauszulösen. Wie ist nun im einzelnen zu verfahren? Formal könnte man entweder mit einer größeren Menge an Extraktionsmittel auf einmal ausschütteln oder die vorgesehene Gesamtmenge in mehrere Portionen aufteilen und damit mehrmals ausschütteln.

Bei einer einmaligen Operation kann jedoch maximal die durch den Verteilungskoeffizienten und das verwendete Volumen an Extraktionsmittel festgelegte Menge an auszuschüttelnder Substanz übergehen, und wesentlich günstiger sind die Verhältnisse, wenn öfter ausgeschüttelt wird. Ein Beispiel läßt dies klar erkennen:

Eine in Wasser (W) wenig lösliche Substanz soll in einem Extraktionsmittel (EM) 500mal besser löslich sein. Das Verhältnis der Konzentrationen der Substanz in den beiden Phasen Extraktionsmittel:Wasser wird also stets 500:1 betragen, d. h., der Verteilungskoeffizient k ist 500:

$$\frac{c_{EM}}{c_W} = \frac{500}{1} = k.$$

Nimmt man an, daß die Konzentration der Substanz in einer bestimmten Menge Wasser gleich eins sei, so wird nach einem einmaligen Ausschütteln mit der gleichen Menge Extraktionsmittel die Konzentration der Substanz in Wasser nur noch 1/500 betragen.

Wiederholt man nach der Trennung der beiden Phasen diese Operation noch zweimal, wobei wiederum jeweils die gleiche Menge Extraktionsmittel verwendet wird, so beträgt die Endkonzentration der Substanz im Wasser $(1/500)^3$.

Schüttelt man andererseits die wäßrige Ausgangslösung nur einmal mit der dreifachen Menge an Extraktionsmittel, so beträgt die Endkonzentration der Substanz im Wasser noch

$$\frac{1}{500} \cdot \frac{1}{3} = \frac{1}{1500}.$$

Ein gelöster Stoff wird also vollständiger extrahiert, wenn man mehrere Male mit kleinen Portionen an Extraktionsmittel ausschüttelt.

3.6.3. Aufgabenstellung

Reinigung von Anilin

Zu 35 ml Anilin gibt man in einen Rundkolben die gleiche Menge Wasser und erhitzt zum Sieden. Danach wird Wasserdampf eingeblasen, wobei der Brenner unter dem Kolben gelöscht wird. Die Destillation ist nach ein bis eineinhalb Stunden beendet, und das übergehende Destillat ist nicht mehr getrübt.

Zur Abtrennung des Anilins gibt man etwa je 25 g fein pulverisiertes Kochsalz auf je 100 ml Flüssigkeit bis zur völligen Auflösung (*warum!*) und schüttelt das Anilin dreimal mit je 30 ml Chloroform aus. Die chloroformhaltige Lösung wird mit einigen Stücken Calciumchlorid getrocknet. Nach Abtrennung des Trockenmittels ist das Chloroform abzudestillieren. Vom zurückbleibenden Anilin wird der Siedepunkt bestimmt. Die Ausbeute beträgt etwa 90% der Theorie.

Reinigung von p-Benzochinon (Chinon)
Im Rundkolben wird auf 3 g Rohchinon direkt Wasserdampf geleitet. In der Vorlage scheidet sich das gereinigte Chinon in goldgelben Kristallen ab. Es wird abgesaugt und mit Wasser gewaschen. Nach dem Trocknen auf der Tonplatte wird der Schmelzpunkt bestimmt.

3.6.4. Kontrollfragen

1. Welcher Unterschied besteht im Verhalten der Dampfdrücke
   a) zwischen zwei ineinander löslichen und
   b) zwei ineinander unlöslichen Stoffen?
2. Wie lautet das Gesetz von AVOGADRO?
3. Im Kapitel 3. 6.1.1. wird das Gewichtsverhältnis des Destillats Anilin/Wasser mit 0,31 : 1 angegeben.
   Wieviel Gewichtsprozente Anilin sind das?
4. A und B sind zwei ineinander nicht lösliche Flüssigkeiten.
   Sie sieden, wenn sie unter Atmosphärendruck destilliert werden, bei 65°C. Der Dampfdruck von A beträgt bei dieser Temperatur 355 Torr. Im Destillat befindet sich A mit 43 Gew.-%. Wie groß ist die Molmasse von B, wenn die von A = 92 ist?
5. Welches der drei Isomeren des Nitrophenols ist wasserdampfflüchtig und warum?
6. Nach welchem Prinzip verteilt sich eine gelöste Substanz zwischen zwei Lösungsmitteln?
7. Warum ist es zweckmäßiger, eine Extraktion von Stoffen aus Lösungen durch mehrmaliges Ausschütteln mit kleineren Portionen des Lösungsmittels vorzunehmen und nicht mit der gesamten Lösungsmittelmenge auf einmal?

3.7. Dünnschichtchromatographie

3.7.1. Theoretische Grundlagen

Als *Chromatographie* bezeichnet man eine Vielzahl physikalisch-chemischer Trennmethoden (z. B. Säulen-, Dünnschicht-, Papier-, Gaschromatographie), die auf die Arbeiten von TSWETT (1903) und KUHN (1931) zurückgehen und in den letzten drei Jahrzehnten eine große Bedeutung auf allen Gebieten der Chemie erlangt haben.

3.7. Dünnschichtchromatographie

Die Trennung von Substanzgemischen erfolgt dabei z. B. auf Grund unterschiedlicher Verteilung zwischen zwei flüssigen Phasen (*Verteilungschromatographie*) und auf Grund verschieden starker Adsorption an einem Adsorptionsmittel (*Adsorptionschromatographie*).

Ein unentbehrliches Hilfsmittel des Chemikers zur Trennung und Identifizierung kleinster, auch chemisch sehr ähnlicher Verbindungen ist die *Dünnschichtchromatographie*, für die z. B. bei Verwendung von Aluminiumoxid sowohl das Verteilungs- als auch das Adsorptionsprinzip gültig ist.

Das *Verteilungsprinzip* gilt insofern, als sich die Komponenten eines Substanzgemisches z. B. zwischen dem von einem Träger (= Adsorbens, z. B. Aluminiumoxid, Stärke, Cellulose, Kieselgur) aufgenommenen Wasser (Träger + Wasser = *stationäre Phase*) und dem durch diese stationäre Phase wandernden Lösungsmittel (*mobile Phase*) entsprechend dem Gesetz von NERNST (siehe Kapitel 3.6.1.2.) verteilen.

Die besser wasserlösliche Komponente wandert demnach langsamer als der in der mobilen Phase besser lösliche Partner. Das *Adsorptionsprinzip* kommt darin zum Ausdruck, daß sich z. B. zwischen dem Aluminiumoxid und den Komponenten des Substanzgemischs unterschiedliche Adsorptionsgleichgewichte einstellen, wodurch sich ebenfalls unterschiedliche Wanderungsgeschwindigkeiten ergeben.

Das Adsorptionsgleichgewicht ist temperaturabhängig, und für konstante Temperatur läßt sich für jede Substanz eine *Adsorptionsisotherme* (siehe Bild 28) angeben, die bei einem idealen Dünnschichtchromatogramm eine Gerade bildet.

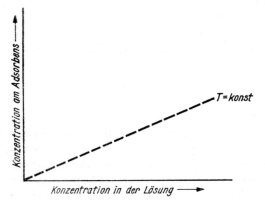

Bild 28 Adsorptionsisotherme

Aus Bild 28 lassen sich zwei Extremfälle ableiten:

a) Die Adsorptionsisotherme fällt mit der Abszisse zusammen, d. h., die Konzentration der Substanz am Adsorbens ist gleich Null. Die Substanz löst sich vollständig im Laufmittel (mobile Phase) und wird von diesem mitgeführt (Substanz „läuft in Front").

b) Die Adsorptionsisotherme fällt mit der Ordinate zusammen, d. h., die Substanz wird vollkommen adsorbiert und bleibt ohne Wechselwirkung mit dem Laufmittel „am Start sitzen".

In der Praxis liegt die Isotherme bei geschickter Wahl von Adsorbens und Laufmittel zwischen den Extremfällen a) und b), und die Steilheit des Anstiegs der Isotherme gestattet eine Aussage über die Weite des Substanztransports.

Ein quantitatives Maß für die Wanderungsgeschwindigkeit einer Verbindung ist bei einem gegebenen Adsorbens und einem bestimmten Laufmittel der R_f-Wert (von engl. retention factor = Rückhaltequotient).

Dieser Wert ist definiert als Quotient aus der Entfernung des Substanzfleckes (Mittelpunkt) vom Startpunkt und der Entfernung der Lösungsmittelfront vom Startpunkt:

$$R_f = \frac{\text{Strecke: Startpunkt} - \text{Substanz}}{\text{Strecke: Startpunkt} - \text{Lösungsmittelfront}}.$$

Die R_f-Werte sind also stets kleiner als eins und von der Länge des Chromatogramms unabhängig. In der Regel wählt man jedoch eine Laufstrecke von 10 cm, weil die Entfernung Startpunkt/Substanz — mit dem Lineal ausgemessen — direkt den R_f-Wert ergibt.

Die R_f-Werte werden von verschiedenen Faktoren, wie Temperatur, Adsorbens, Laufmittel, Konzentration der Substanzlösung, Verunreinigungen u. a. mehr oder weniger stark beeinflußt. So wandern die Verbindungen bei niedriger Temperatur langsamer als bei höherer Temperatur. Verunreinigungen des Lösungsmittelgemisches, Inhomogenitäten des Adsorbens und Fremdionen in der Substanzlösung können Schwankungen der R_f-Werte bis zu 10% hervorrufen.

Gegenüber anderen chromatographischen Verfahren besitzt die Dünnschichtchromatographie eine Reihe von Vorteilen, wie hohe Trennschärfe, große Empfindlichkeit, schnelle Laufzeit (10 bis 40 Minuten) und die Anwendbarkeit auch aggressiver Sprühreagenzien (Schwefelsäure u. a., siehe Kapitel 3.7.2.).

3.7.2. Arbeitstechnik

Auf saubere, fettfreie Glasplatten (10 × 20 cm oder 20 × 20 cm), die sich auf einer ebenen, gut haftenden Unterlage befinden, wird mit einem handelsüblichen Streichgerät oder einfacher mit einem Glasstab, der an beiden Enden Gummimanschetten trägt (siehe Bild 29), eine gleichmäßige dünne Schicht (0,50 bis 0,75 mm, regelbar durch Stärke der Gummimanschetten) des Adsorbens aufgetragen, das z. B. aus 8 g

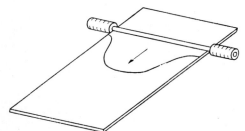

Bild 29 Präparation der Glasplatte zur Dünnschichtchromatographie

3.7. Dünnschichtchromatographie

Aluminiumoxid D (VEB Chemiewerk Greiz-Dölau) und 15 ml Wasser im 100-ml-ERLENMEYER-Kolben unter Schütteln (bis zur Homogenität und Klumpenfreiheit) hergestellt wird. Der Glasstab darf beim Aufbringen des Adsorbens (siehe Bild 29) nicht gerollt werden.

Die beschichteten Glasplatten werden 5 bis 10 Minuten an der Luft getrocknet, dann 30 bis 40 Minuten bei 105 °C „aktiviert" und anschließend auf Raumtemperatur abgekühlt.

In Bild 30 wird gezeigt, wie mit Hilfe eines spitzen Gegenstandes (keinen Kopierstift verwenden) die Startlinie angedeutet (Linie nicht durchziehen! *Warum?*) und die Ziellinie sowie etwa vier Startpunkte markiert werden.

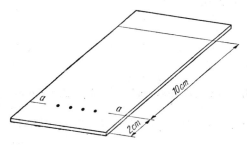

Bild 30   Beschichtete Platte für Dünnschichtchromatographie
(*a* Enden der Startlinie)

Mit Hilfe einer Mikro- oder Blutpipette wird dann je ein Tropfen einer ein- bis dreiprozentigen Lösung der zu untersuchenden Substanzgemische an den Startpunkten aufgetragen. Der maximale Durchmesser der Flecken sollte 0,5 bis 0,7 cm sein.

Nach Verdunsten des Lösungsmittels stellt man die Glasplatte in eine Entwicklungskammer (siehe Bild 31), deren Boden etwa 1 cm hoch mit dem Laufmittel bedeckt ist, das auf Grund der Kapillarkräfte in der Schicht aufsteigt und die einzelnen Komponenten der zu trennenden Gemische unterschiedlich schnell transportiert.

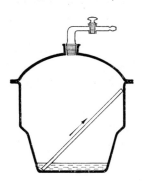

Bild 31   Exsikkator als Entwicklungskammer

Als Entwicklungskammer (Bild 31) eignet sich ein Exsikkator entsprechender Größe, in dem vor dem Einbringen der Glasplatte durch mehrmaliges Umschütteln des Laufmittels (Gewährleistung des Druckausgleichs wie bei der Extraktion, siehe Kapitel 3.6.2.2.) ein gewisser Dampfdruck erzeugt wird, der für die einwandfreie Entwicklung des Chromatogramms erforderlich ist.

Erreicht nach 30 bis 40 Minuten die Lösungsmittelfront die Ziellinie, nimmt man die Glasplatte heraus und trocknet sie an der Luft oder im Trockenschrank.

Die Auswertung des Chromatogramms ist bei farbigen Substanzen sofort möglich. Farblose Substanzflecke werden beim Besprühen (handelsübliche Sprühapparate, Parfüm- oder Inhalationszerstäuber) mit geeigneten Reagenzien farbig und damit lokalisierbar, und farblose Flecke fluoreszierender Substanzen können unter der UV-Lampe erkannt werden.

Da gewisse Schwankungen der R_f-Werte unter diesen einfachen Bedingungen unvermeidlich sind, empfiehlt es sich, parallel zum Substanzgemisch die vermutlichen Einzelkomponenten zu chromatographieren, wodurch Fehlschlüsse bei der Lösung der folgenden Aufgaben vermieden werden können.

3.7.3. Aufgabenstellung

Trennung von Farbstoffen

Es ist ein Farbstoffgemisch F zu trennen, das aus maximal drei der folgenden Komponenten besteht:
Eosin, Fluorescein, Methylorange, Malachitgrün, Methylviolett B, β-Naphthylorange.
Einprozentige äthanolische Lösungen des Gemischs F sowie der sechs möglichen Komponenten werden auf sieben Bahnen von zwei entsprechend Kapitel 3.7.2. präparierten Glasplatten im Laufmittelgemisch n-Butanol/Aceton/Wasser (2 : 7 : 2) aufsteigend chromatographiert und ausgewertet.
Es ist anzugeben, aus welchen Komponenten das Gemisch F besteht.

Trennung von Zuckern

Monosaccharide unterscheiden sich nur sehr wenig hinsichtlich ihrer R_f-Werte. Die Trennung folgender Paare ist aber möglich:

D-Galaktose / D-Xylose,
D-Galaktose / L-Rhamnose,
D-Mannose / D-Xylose,
D-Mannose / L-Rhamnose.

Eines dieser Paare ist zu trennen, und die Komponenten sind zu identifizieren.
Dazu werden Proben von fünf 2%igen Lösungen (unbekanntes Paar, D-Galaktose, D-Mannose, D-Xylose, L-Rhamnose, jeweils gelöst in 50%igem Äthanol) auf eine präparierte Glasplatte aufgebracht und im Laufmittelgemisch n-Butanol/Aceton/ Wasser (4 : 5 : 1) aufsteigend chromatographiert.
Die Trocknung erfolgt bei 50 °C, und etwa 15 Minuten nach dem Besprühen der kalten Platte mit einer zehnprozentigen ammoniakalischen Silbernitratlösung erscheinen die Flecken braun auf hellem Grund.
Es ist anzugeben, aus welchen Komponenten das untersuchte Paar besteht.

3.8. Säulenchromatographie und Brechung

3.7.4. Kontrollfragen

1. Bild 32 zeigt für Eosin und Malachitgrün die Adsorptionsisothermen, die von Ihnen zuzuordnen sind! (Verwenden Sie dazu die Ergebnisse der Aufgabe 3.7.3.)

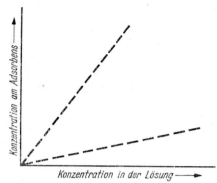

Bild 32   Adsorptionsisothermen

2. Unter den Bedingungen wie in Kapitel 3.7.3. läßt sich für Maltose durch Dünnschichtchromatographie der R_f-Wert 0,05 ermitteln. Welche Lage hat die Adsorptionsisotherme für Maltose?

3. Mit welchen Sprühreagenzien würden Sie die farblosen Flecke im Dünnschichtchromatogramm von Vertretern der folgenden Verbindungsklassen farbig und damit auswertbar machen:
Aminosäuren — mehrwertige Phenole — Aldehyde—Olefine.

3.8. Säulenchromatographie und Brechung   Ü₁₀

3.8.1. Theoretische Grundlagen

Die *Säulenchromatographie*, für die bei Verwendung von Aluminiumoxid als stationärer und wasserfreien Lösungsmitteln als mobiler Phase vorwiegend das Adsorptionsprinzip (siehe Kapitel 3.7.1.) gilt, hat heute nur noch präparative Bedeutung. In analytischer Hinsicht sind ihr z. B. die Gas- oder die Dünnschichtchromatographie (siehe Kapitel 3.7.) weit überlegen.

In Glas- oder Metallrohren, deren Durchmesser zur Länge im Verhältnis von 1 : 10 bis 1 : 100 stehen soll, wird die säulenchromatographische Trennung von Gemischen durch *reversible Adsorption* an die stationäre Phase und *Elution* mit einem Lösungsmittel (mobile Phase) durchgeführt.

Das Adsorptionsmittel (z. B. Aluminiumoxid, Kieselgel, Zucker, Stärke, Cellulose) soll eine große Oberfläche (möglichst mehr als 100 m² pro Gramm) besitzen und chemisch indifferent gegenüber der mobilen Phase und den zu trennenden Verbindungen sein. Da die einzelnen Komponenten des zu trennenden Gemisches unterschiedlich stark von der stationären Phase adsorbiert werden, wandern sie mit dem *Elutionsmittel* (z. B. Benzin, Cyclohexan, Benzol, halogenierte Aliphate wie CCl_4, $CHCl_3$, CH_2Cl_2) in unterschiedlicher Geschwindigkeit durch die Säule und bilden schließlich bei ausreichender Länge der Säule und richtiger Wahl des Laufmittels einzelne Zonen, die in der Säule durch reine mobile Phase voneinander getrennt sind und einzeln abgenommen werden können.

Eine zeitsparende Methode, um das geeignete Elutionsmittel für die Säulenchromatographie zu finden, besteht darin, mit dem zu trennenden Substanzgemisch im Vorversuch eine Dünnschichtchromatographie durchzuführen. Die dabei gefundenen Elutionsmittel lassen sich im allgemeinen auch für die Säulenchromatographie verwenden, wenn die folgende empirische Gleichung

$$\frac{R_f A}{R_f B + 0{,}1\, R_f A} > 1$$

erfüllt ist. $R_f A$ ist der R_f-Wert der schneller und $R_f B$ der der langsamer wandernden Substanz.

Durch Säulenchromatographie können unter den entsprechenden apparativen Voraussetzungen reine Substanzen im Kilogrammaßstab aus Gemischen gewonnen werden.

Unproblematisch ist die Trennung farbiger Substanzen, da Beginn und Ende einer Zone visuell feststellbar sind.

Sollen hingegen Gemische farbloser, flüssiger Verbindungen säulenchromatographisch getrennt werden, so ist dies prinzipiell z. B. mit Hilfe der *Refraktometrie*, d. h. der Bestimmung des Brechungsindex n_D im ABBE-Refraktometer, möglich.

Die aus der Säule tropfende Lösung wird in diesem Fall in zahlreichen kleineren Portionen abgenommen, das Lösungsmittel wird abgedampft, und von den zurückbleibenden flüssigen Proben werden bei gleicher Temperatur die Brechungsindices bestimmt, die oft eine Zuordnung der einzelnen Proben und damit eine Trennung des Gemisches ermöglichen.

3.8.2. Arbeitstechnik

3.8.2.1. Arbeitstechnik der Säulenchromatographie

Für die in Kapitel 3.8.3. enthaltenen Versuche werden als Adsorptionssäulen 250 mm lange Glasrohre mit einem inneren Durchmesser von 12 mm benutzt. Den unteren Verschluß bildet ein einfach durchbohrter Stopfen, durch den ein kurzes Glasrohr in die Säule hineinragt. Ein lockerer Wattepfropfen im unteren Ende der Säule verhindert ein Hindurchsickern des Adsorptionsmittels durch diesen Auslauf.

Das feingepulverte Adsorptionsmittel (30 g Aluminiumoxid für die Chromatographie, VEB Chemiewerk Greiz-Dölau) wird als Aufschlämmung (60 ml Benzin in einem

3.8. Säulenchromatographie und Brechung

250-ml-Becherglas) mit Hilfe eines nicht zu engen **Trichters** so in die Säule gefüllt, daß das Adsorptionsmittel nach der schnell erfolgenden Sedimentation etwa 180 bis 200 mm hoch steht.

Die Säule muß in jedem Falle gleichmäßig und luftfrei gepackt sein, und dies wird am ehesten durch Einbringen des *aufgeschlämmten* Adsorptionsmittels gewährleistet. Füllt man die Säule jedoch mit dem trockenen Adsorptionsmittel, so ist auch durch Aufstoßen der Säule auf eine feste Unterlage oder Klopfen am Säulenmantel mit einem Glasstab meist keine dichte Packung zu erreichen, und die einzelnen Substanzen wandern dann nicht in definierten Zonen durch die Säule.

Solange noch Benzin über der horizontalen Oberfläche des Adsorptionsmittels steht, wird es mit einem lockeren Wattepfropfen bedeckt, um beim Ein- und Nachfüllen des Elutionsmittels ein Aufwirbeln zu verhindern.
Sobald das Benzin nur noch etwa 5 bis 10 mm hoch über dem Aluminiumoxid steht (die Säule darf keinesfalls „trockenlaufen"), gießt man die Lösung des zu trennenden Substanzgemischs vorsichtig in die Säule.

Für den beabsichtigten Trenneffekt ist von ausschlaggebender Bedeutung, daß das Gewicht der Rohrfüllung stets das 100 bis 1000fache des Gewichtes der aufzutrennenden Substanz beträgt.

Ist die Substanzlösung fast eingesickert, füllt man die Säule mit dem Elutionsmittel auf und wiederholt dies, bis sich die Komponenten in diskrete Zonen getrennt haben, die beim Austritt aus der Säule einzeln abgenommen werden.

3.8.2.2. Arbeitstechnik der Refraktometrie

Zur Bestimmung des Brechungsindex n_D einer Flüssigkeit steht das ABBE-Refraktometer zur Verfügung, das beim Arbeiten mit gewöhnlichem weißem Licht (z. B. Tageslicht) durch Messung *eines* Winkels (des Grenzwinkels der Totalreflexion) die direkte Ablesung des Wertes für n_D bei einer bestimmten Temperatur (meist 20 °C) gestattet.
Die zu vermessende Flüssigkeit wird vorsichtig, z. B. durch Auftropfen, in den Zwischenraum des aufklappbaren Doppelprismas gebracht. Dann wird das Beobachtungsfernrohr gegenüber dem Prismensatz gedreht, bis die Grenzlinie zwischen dem hellen und dem dunklen Teil des Gesichtsfeldes die Mitte des Fadenkreuzes trifft.
Ein farbiger Saum der Grenzlinie, der wegen der Verwendung nichtmonochromatischen Lichtes entsteht, kann durch Drehen eines Kompensators im Tubus des Beobachtungsfernrohres beseitigt werden.
Dann werden der Brechungsindex und die Temperatur abgelesen.
Die empfindlichen Prismen werden nach jeder Messung mit Watte oder einem weichen Tuch unter Benutzung geeigneter Lösungsmittel (z. B. Methanol, Cyclohexan, Äther) vorsichtig, aber ausgiebig gereinigt und anschließend im aufgeklappten Zustand an der Luft getrocknet.

3.8.3. Aufgabenstellung

Trennung von Farbstoffgemischen

Auf eine entsprechend Kapitel 3.8.2.1. vorbereitete Säule bringt man 0,5 ml der Lösung einer der folgenden vier Farbstoffkombinationen in Benzin:

β-Naphtholorange / Malachitgrün,

β-Naphtholorange / Methylviolett B,

Fluorescein / Methylviolett B,

Eosin / Malachitgrün.

Anschließend wird mit dem Gemisch n-Butanol/Aceton/Wasser (2 : 7 : 2) solange eluiert, bis die Zone des schneller wandernden Farbstoffs das Ende des Adsorptionsrohrs gerade erreicht. Es ist eine Skizze mit der Lage der Farbzonen anzufertigen.

Trennung eines Gemischs farbloser Komponenten

Die Brechungsindices von reinem Essigsäureamylester und reinem Anilin sind zu bestimmen und mit den in Tabellenwerken angegebenen Werten zu vergleichen. Anschließend sind 1,5 bis 2 ml des 1 : 1-Gemisches dieser beiden Substanzen säulenchromatographisch zu trennen. Es wird mit n-Hexan/Chloroform (4 : 1) eluiert.
Zu Beginn wird ein Vorlauf von etwa 30 ml Elutionsmittel abgenommen. Dann folgt der schnell wandernde Ester (Geruch, Schlierenbildung), und es werden dreimal 4 ml Lösung aufgefangen. Nun wird mit Methanol eluiert, das in Front mit dem Anilin (etwas dunklere Färbung des Aluminiumoxids) durch die Säule wandert. Auch davon werden drei- bis viermal 4 ml Lösung abgenommen.
Von allen Fraktionen wird mit Hilfe eines Föns unter dem Abzug das Lösungsmittel abgedampft, und die Brechungsindices der zurückbleibenden Flüssigkeiten werden bestimmt.
Bei sauberem Arbeiten weist wenigstens je eine Fraktion den Wert des reinen Essigsäureamylesters bzw. des reinen Anilins auf.

3.8.4. Kontrollfragen

1. Wodurch unterscheiden sich die verschiedenen, handelsüblichen Sorten „Aluminiumoxid für die Chromatographie"?

2. Welche der genannten Elutionsmittel zersetzen sich beim Stehen an der Luft?

3. Welche Nachteile bringt das „Trockenlaufen" der Säule?

4. Warum darf der Prismensatz des Refraktometers nicht mit jedem beliebigen Lösungsmittel gereinigt werden?

4. Organische Synthese

4.1. Radikalische Substitution an Alkanen

4.1.1. Theoretische Grundlagen

Als *Radikal* bezeichnet man ein Atom oder eine Atomgruppe mit einem oder mehreren ungepaarten Elektronen. Systeme mit ungepaarten Elektronen stellen magnetische Dipole dar. In einem äußeren Magnetfeld stellen sich die Radikale so ein, daß sie dieses Feld verstärken. Sie werden von ihm angezogen und deshalb als *paramagnetisch* bezeichnet.
Radikale entstehen z. B. durch Entkopplung von Elektronenpaaren. Die symmetrische Spaltung einer kovalenten Bindung wird als *Homolyse* bezeichnet. Sie stellt den wichtigsten Fall der Radikalbildung dar:

$$A-B \longrightarrow A\cdot + B\cdot$$
$$|\overline{Br}-\overline{Br}| \longrightarrow |\overline{Br}\cdot + \cdot\overline{Br}|$$

Die Bindungsspaltung eines Moleküls erfolgt durch Zuführung der entsprechenden Dissoziationsenergie. Da die $-O-O-$-Bindung in organischen Peroxiden eine niedrige Dissoziationsenergie besitzt, werden sie als Radikalbildner verwendet (z. B. Benzoylperoxid 30 kcal/mol).
Das Molekül kann die zur Homolyse benötigte Dissoziationsenergie in verschiedener Form erhalten:

Thermolyse (Bindungsspaltung durch Wärmeenergie),
Photolyse (Bindungsspaltung durch Lichtenergie),
Radiolyse (Bindungsspaltung durch energiereiche Strahlung),
Bindungsspaltung durch chemische Energie,
Bindungsspaltung durch mechanische Energie.

Die Lebensdauer und Beständigkeit der Radikale ist verschieden. Sie ist davon abhängig, in welchem Maß das einsame Radikalelektron von dem übrigen Molekül beeinflußt wird. Je stärker es in mesomere Systeme einbezogen werden kann, um so stabiler ist das Radikal.

Die Radikaleigenschaften verschwinden, wenn sich ein Radikal mit einem zweiten Radikal verbindet (*Dimerisation* oder *Rekombination*)

$$R\cdot + \cdot R \longrightarrow R-R ,$$

wenn zwischen zwei Radikalen eine *Disproportionierung* stattfindet

$$2\,CH_3-\dot{C}H_2 \longrightarrow CH_2=CH_2 + CH_3-CH_3 ,$$

wenn das Radikal einem anderen Stoff ein Atom entreißt, sich mit diesem verbindet und der andere Stoff zu einem Radikal wird (*Substitution*)

$$R-H + Br\cdot \longrightarrow R\cdot + H-Br$$

oder wenn sich Radikale an einen anderen Stoff anlagern und dieser zu einem Radikal wird:

$$Br\cdot + CH_2=CH_2 \longrightarrow BrCH_2-\dot{C}H_2 .$$

Radikale können auch durch *Inhibitoren* abgefangen werden, die dabei zwar selbst zu Radikalen werden, aber zu energiearm sind, um die Radikaleigenschaften weiter zu übertragen. Dies ist insofern wichtig, als Radikalreaktionen meistens *Kettenreaktionen* sind. Ein Beispiel dafür ist die Halogenierung organischer Moleküle. Sie verläuft in folgenden Schritten:
Radikalbildung (Kettenstart):

$$Br-Br \longrightarrow 2\,Br\cdot$$

Übertragung der Radikaleigenschaften, Substitution (Kettenfortpflanzung):

$$Br\cdot + RH \longrightarrow R\cdot + HBr$$
$$R\cdot + Br-Br \longrightarrow RBr + Br\cdot \quad \text{usw.}$$

Radikalreaktionen laufen im allgemeinen dann von allein ab, wenn sie mit einem Energiegewinn verbunden sind, d. h., wenn die Dissoziationsenergien D der neu zu knüpfenden Bindungen größer sind als die der Ausgangsstoffe.
Da sich die Wärmetönung ΔH nach dem HESSschen Wärmesatz als Differenz der Dissoziationsenergien der in der Reaktion gespaltenen und neugebildeten Bindungen ergibt, kann ein Schritt in der Kettenreaktion durchaus eine endotherme Reaktion darstellen, z. B.:

$$Br\cdot + C_6H_5CH_2-H \longrightarrow C_6H_5\dot{C}H_2 + HBr$$

$$\Delta H = D_{(C_6H_5CH_2-H)} - D_{(H-Br)} = 75 - 87 = -12\,\text{kcal/mol} .$$

Wichtig ist, daß insgesamt eine exotherme Reaktion abläuft. Die radikalischen Bromierungen und Chlorierungen sind präparativ wichtige Substitutionsreaktionen. Fluorierungen werden wegen der großen Reaktionsfähigkeit des Fluors und der dabei

4.1. Radikalische Substitution an Alkanen

unkontrollierbar ablaufenden Konkurrenzreaktionen selten durchgeführt. Jod ist nicht in der Lage, CH-Bindungen radikalisch anzugreifen, da der Energiegewinn bei der Knüpfung einer H—J-Bindung kleiner ist, als die für die C—H-Spaltung aufzuwendende Energie.

In der Technik führt man wegen der leichten Darstellbarkeit des Chlors vorwiegend Chlorierungen durch. Im Labor setzt man wegen der einfacheren Handhabung und leichteren Dosierbarkeit hauptsächlich Brom ein, um radikalische Halogenierungen durchzuführen.

4.1.2. Arbeitsvorschriften

4.1.2.1. Benzylbromid

Ü₁₁

Benzylbromid ist haut- und tränenreizend! Der Versuch ist unter einem Abzug durchzuführen. Sollte Benzylbromid auf die Haut gelangen, dann ist zuerst mit Alkohol zu waschen, später mit Seifenwasser. Bei Verätzungen der Augen ist mit verdünnter Natriumbicarbonatlösung zu spülen. Nach Beendigung des Versuchs sind alle Geräte unter dem Abzug gründlich mit Methanol auszuspülen.

$$C_6H_5-CH_3 + Br_2 \longrightarrow C_6H_5-CH_2Br + HBr$$

In einen 250-ml-Zweihalskolben mit Rückflußkühler und Tropftrichter, der bis auf den Boden des Kolbens reicht, gibt man 0,3 Mol Toluol und 100 ml trockenen Tetrachlorkohlenstoff. (Steht nur ein technisches Produkt zur Verfügung, ist dieses zu destillieren. Im Vorlauf geht ein azeotropes Gemisch aus Wasser und CCl_4 über. Die Hauptfraktion ist für den Versuch rein genug.)

Die Mischung wird zum Sieden erhitzt und mit einer UV- oder einer starken Photolampe bestrahlt (**Schutzbrille tragen!**). In die Mischung läßt man langsam 0,33 Mol Brom ($D_{Brom} = 3{,}12$ g/cm³) so zutropfen, daß sie ständig entfärbt wird. Den durch den Kühler entweichenden Bromwasserstoff leitet man in eine Waschflasche über Wasser. Die Waschflasche ist nur soweit mit Wasser zu füllen, daß das Einleitungsrohr 1 cm über der Wasseroberfläche endet.

Die entstehende Bromwasserstoffsäure ist zu sammeln.

Sie kann durch Destillation zu 48%iger Bromwasserstoffsäure aufgearbeitet werden. Die Reaktion ist nach etwa einer Stunde beendet. Der Reaktionskolben dient als Siedekolben bei der sich anschließenden Vakuumdestillation.

Bei mäßigem Vakuum wird zuerst der Tetrachlorkohlenstoff abdestilliert. (Diesen nicht verwerfen! Er kann für weitere Reaktionen verwendet werden.) Dann folgt eine Zwischenfraktion.

Das Benzylbromid siedet bei 15 Torr bei 95 °C. Die Ausbeute beträgt etwa 80%. $n_D^{24} = 1{,}785$. Bei höherer Siedetemperatur geht eine geringe Menge Benzalbromid über.

4.1.2.2. 3-Brom-cyclohexen

Mit N-Bromsuccinimid in Gegenwart des Radikalbildners Benzoylperoxid können Bromierungen in Allylstellung, d. h. neben der Doppelbindung, durchgeführt werden.

Benzoylperoxid

$$2 \, C_6H_5\text{-COCl} + H_2O_2 + 2\,NaOH \longrightarrow C_6H_5\text{-CO-O-O-CO-}C_6H_5 + 2\,NaCl + 2\,H_2O.$$

Die Mischung von 2,5 ml 30%igem Wasserstoffperoxid und 2,5 ml Wasser in einem Reagenzglas wird in Eiswasser gekühlt. Unter ständigem kräftigem Schütteln tropft man mit der Pipette abwechselnd 4 n NaOH (insgesamt etwa 4 ml) und Benzoylchlorid (insgesamt 1 ml) zu.

Es ist unbedingt zu beachten, daß die Lösung immer alkalisch bleibt. Die anfänglich auftretenden milchig-weißen Öltröpfchen verschwinden nach kurzer Zeit.

Etwa 10 Minuten nach Ende der Reaktion wird der entstandene Niederschlag abfiltriert und auf der Tonplatte getrocknet.

Um sich von der Explosibilität des Benzoylperoxids zu überzeugen, kann man eine Spatelspitze der Substanz in einem trockenen Reagenzglas erhitzen.

3-Brom-cyclohexen

$$\text{Cyclohexen} + \text{N-Bromsuccinimid} \xrightarrow{(Peroxid)} \text{3-Brom-cyclohexen} + \text{Succinimid}.$$

In einen trockenen 250-ml-Kolben mit Rückflußkühler gibt man 0,1 Mol Cyclohexen, 100 ml analysenreinen Tetrachlorkohlenstoff, 0,1 Mol N-Bromsuccinimid und eine Spatelspitze Benzoylperoxid. Die Mischung wird unter Rückfluß langsam erwärmt. Ist die Reaktion angesprungen, was an einem stärkeren Sieden zu erkennen ist, wird die Wärmezufuhr soweit eingeschränkt, daß die Mischung im Kolben gerade noch siedet. Es scheidet sich Succinimid aus, wodurch sich die Lösung trübt.

Das Ende der Reaktion ist daran zu erkennen, daß das N-Bromsuccinimid, welches spezifisch schwerer als CCl_4 ist, vom Boden des Kolbens verschwunden ist und sich Succinimid, welches spezifisch leichter ist als CCl_4, an der Oberfläche der Lösung ansammelt.

Die Reaktionsdauer beträgt etwa eine Stunde.

Danach läßt man abkühlen und saugt das Succinimid ab. (Dieses wird nicht verworfen, sondern gesammelt und kann wieder zu N-Bromsuccinimid aufgearbeitet werden.)

Von der gelblichen Lösung wird im schwachen Vakuum der Tetrachlorkohlenstoff abdestilliert. (Nicht verwerfen! Er kann für weitere Reaktionen verwendet werden.) Das 3-Bromcyclohexen geht bei 16 Torr bei 75 °C über. Ausbeute etwa 20%; $n_D^{20} = 1,5275$.

Nach Beendigung des Versuches sind alle Geräte mit Methanol auszuspülen.

4.1.3. Kontrollfragen

1. Erklären Sie, wie N-Bromsuccinimid dargestellt werden kann!

2. Penten-(2) soll mit N-Bromsuccinimid bromiert werden. Geben Sie die Reaktionsgleichung dafür an!

3. Warum werden bei Bromierungen mit N-Bromsuccinimid organische Peroxide als Katalysatoren verwendet?

4. Was versteht man unter einem Radikal?

5. Wodurch können Radikale gebildet werden?

6. Formulieren Sie den Ablauf einer radikalischen Substitution an einem selbstgewählten Beispiel!

7. Die Dissoziationsenergien folgender Bindungen betragen:

CH_3-H	102 kcal/mol
CH_3CH_2-H	98 kcal/mol
$C_6H_5CH_2-H$	75 kcal/mol
$H-F$	135 kcal/mol
$H-Cl$	103 kcal/mol
$H-Br$	87 kcal/mol
$H-J$	71 kcal/mol

Erklären Sie, ob sich die drei erstgenannten Substanzen unter der Einwirkung von Fluor, Chlor, Brom bzw. Jod radikalisch fluorieren, chlorieren, bromieren bzw. jodieren lassen.

4.2. Nucleophile Substitution am gesättigten Kohlenstoffatom

4.2.1. Theoretische Grundlagen

Bei der *nucleophilen Substitution* greift ein nucleophiler Stoff $Y|$ (z. B. $H-\overline{O}-H$, $R-\overline{O}-H$, $|NH_3$, $|\overline{Cl}|^\ominus$, $|\overline{Br}|^\ominus$, $|\overline{J}|^\ominus$, $H-\overline{O}|^\ominus$) mit einem Elektronenpaar an einem Kohlenstoffatom an, das über eine polarisierte Atombindung mit dem Substituenten X verbunden ist, und verdrängt schließlich unter Ausbildung einer neuen Bindung zum Kohlenstoff den Substituenten X einschließlich seines Bindungselektronenpaars:

$$Y|^\ominus + R-X \to R-Y + X|^\ominus.$$

Solche nucleophilen Substitutionen am gesättigten Kohlenstoffatom können prinzipiell *monomolekular* (S_N1) oder *bimolekular* (S_N2) ablaufen.

Bei S_N1-*Reaktionen* löst sich zunächst der Substituent X vom tetraedrischen Kohlenstoffatom unter Mitnahme des Bindungselektronenpaares. Dabei entsteht ein *ebenes Carboniumion*, an das sich im zweiten Schritt der Reaktion der nucleophile Partner $Y|^\ominus$ mit gleicher Wahrscheinlichkeit von jeder der beiden Seiten her anlagern kann.
Die Geschwindigkeit der Reaktion wird durch den langsam verlaufenden Schritt der Ablösung des Substituenten X bestimmt. Im Fall einer optisch aktiven Ausgangsverbindung tritt bei der S_N1-Reaktion *Racemisierung* ein.
In Konkurrenz zur S_N1-Substitution kann auch Eliminierung (siehe Kapitel 4.3.) oder Umlagerung (siehe Kapitel 4.10.) eintreten.
Bei der S_N2-*Reaktion* verbleibt der Substituent X in einem Übergangszustand unter Bindungslockerung noch am Kohlenstoffatom, wenn der neu hinzugekommene Substituent Y schon durch eine lockere Bindung von der entgegengesetzten Seite mit dem Kohlenstoffatom verknüpft ist. Synchron mit der Ausbildung der C—Y-Bindung löst sich $X|^\ominus$ ab, und im Falle einer optisch aktiven Ausgangsverbindung tritt *Inversion* ein.
Nur äußerst selten läuft eine Reaktion nach einem reinen S_N1- bzw. S_N2-Mechanismus ab. So entsteht bei der Darstellung von Nitroalkanen, die sich nach S_N2 bilden, auch Salpetrigsäurealkylester nach S_N1.

$$R-X \; + \; NO_2^\ominus \begin{array}{c} \overset{S_N2}{\nearrow} R-NO_2 + X^\ominus \\ \underset{S_N1}{\searrow} R-ONO + X^\ominus \end{array} \; .$$

Das Nitrition reagiert je nach Reaktionsmechanismus mit dem Stickstoff (S_N2) bzw. dem Sauerstoff (S_N1).
Geeignete Reaktionsbedingungen begünstigen den einen oder den anderen Reaktionstyp.

4.2.2. Arbeitsvorschriften

Ü₁₃ 4.2.2.1. n-Hexyljodid

$$2P + 3J_2 \longrightarrow 2PJ_3 ,$$
$$3CH_3-(CH_2)_5-OH + PJ_3 \longrightarrow 3CH_3-(CH_2)_5-J + P(OH)_3$$

Man erhitzt eine Mischung von 0,1 Mol n-Hexanol, 0,05 Mol Jod und 0,03 Mol rotem Phosphor in einem 50-ml-Rundkolben mit aufgesetztem Rückflußkühler 30 Minuten vorsichtig auf dem Luftbad zum Sieden. Sollte die Reaktion zu heftig werden, ist die Flamme zu entfernen.
Nach beendeter Reaktion versetzt man das Reaktionsgemisch mit Wasser, trennt die organische Phase ab und schüttelt die wäßrige Phase mit Chloroform aus. Die mit der organischen Phase vereinigten Chloroformauszüge trocknet man mit wasserfreiem Natriumsulfat, filtriert und destilliert das Lösungsmittel ab.

4.2. Nucleophile Substitution am gesättigten Kohlenstoffatom

Das n-Hexyljodid wird von nichtumgesetztem Alkohol und Nebenprodukten durch Vakuumdestillation über eine VIGREUX-Kolonne getrennt. Man bestimme die Ausbeute und notiere Siedepunkt und Druck, bei dem die Destillation erfolgt.
$Kp._{13}$: 60 °C.

4.2.2.2. Nitrohexan und Salpetrigsäurehexylester Ü$_{14}$

(Formelbild siehe Kapitel 4.2.1.)

Man gießt 0,06 Mol n-Hexyljodid (siehe Ü$_{13}$) zu einer Mischung von 0,1 Mol Natriumnitrit und 0,1 Mol Harnstoff in 60 ml Dimethylformamid und schüttelt den verschlossenen 250-ml-Rundkolben eine Stunde bei Raumtemperatur. Danach wird die Reaktionsmischung in 150 ml Eiswasser gegossen und dreimal mit je 15 bis 20 ml Chloroform extrahiert. Die untere, organische Phase trocknet man mit pulverisiertem $CaCl_2$ und destilliert nach dem Abtrennen des Trockenmittels das Lösungsmittel auf dem Luftbad ab. Den verbleibenden Rückstand rektifiziert man auf dem Luftbad über eine VIGREUX-Kolonne unter Verwendung eines ANSCHÜTZ-THIELE-Vorstoßes im Wasserstrahlpumpenvakuum.
Es fallen drei Fraktionen an, deren Identifizierung durch Messung des Brechungsindex' erfolgt.
Vorlauf Salpetrigester $Kp._{15}$: 32 °C; $n_D^{20} = 1{,}3990$,
    in geringster Menge
Hauptfraktion Nitrohexan $Kp._{15}$: 82 °C; $n_D^{20} = 1{,}4236$,
Nachlauf n-Hexyljodid $Kp._{15}$: 92—94 °C; $n_D^{20} = 1{,}4926$.

Man bestimme die Ausbeute an Nitrohexan!

4.2.2.3. Triphenylcarbinol Ü$_{15}$

$$(C_6H_5)_3 C-Cl + H_2O \longrightarrow (C_6H_5)_3 C-OH + HCl$$

0,01 Mol Triphenylchlormethan (Tritylchlorid) (siehe Ü$_{24}$) werden 15 Minuten lang in 10 ml Wasser am Rückfluß erhitzt.
Man läßt abkühlen und saugt den gebildeten Alkohol ab. Nach dem Umkristallisieren aus CCl_4 werden Schmelzpunkt und Ausbeute bestimmt.
F : 162 °C.

4.2.3. Kontrollfragen

1. Welches Eliminierungsprodukt kann bei der S_N1-Reaktion von 1-Chlorpropan mit Wasser entstehen?
2. Wie kann man ein Racemat trennen?
3. Erläutern Sie den Begriff Inversion bei einer S_N2-Reaktion!

Ü₁₆ –
Ü₁₇

4.3. Eliminierung

4.3.1. Theoretische Grundlagen

Unter einer *Eliminierung* (*E*) versteht man den Austritt zweier Atome oder Atomgruppen aus einem organischen Molekül, ohne daß sie durch andere ersetzt werden. Stammen beide Atome bzw. -gruppen vom gleichen Kohlenstoffatom, so spricht man von einer *α-Eliminierung*, werden sie von benachbarten Kohlenstoffatomen abgespalten, nennt man den Vorgang *β-Eliminierung*.

Während bei den relativ seltenen α-Eliminierungen Carbene bzw. deren Folgeprodukte gebildet werden, führen die häufig vorkommenden β-Eliminierungen zu ungesättigten Produkten.

Die β-Eliminierung ist der nucleophilen Substitution eng verwandt (siehe Kapitel 4.2.). Bei beiden Reaktionen wirkt ein nucleophiles Reagens $Y|^{\ominus}$ auf eine Verbindung RX ein. Während jedoch bei der S_N-Reaktion der Substituent X durch den nucleophilen Partner $Y|^{\ominus}$ ersetzt wird, reagiert bei der Eliminierung $Y|^{\ominus}$ mit einem Proton des benachbarten Kohlenstoffatoms, wobei sich unter Abspaltung von $X|^{\ominus}$ eine Doppelbindung ausbildet.

$$R-\overset{\beta}{C}-\overset{\alpha}{C}-X + Y|^{\ominus} \longrightarrow \begin{array}{l} \overset{S_N}{\longrightarrow} R-\overset{|}{C}-\overset{|}{C}-Y + X|^{\ominus} \\ \overset{E}{\longrightarrow} \underset{R}{\scriptstyle >}C=C\scriptstyle < + HY + X|^{\ominus}. \end{array}$$

Beide Reaktionstypen konkurrieren häufig miteinander, und es hängt vom räumlichen Bau, den Eigenschaften der Reaktionspartner sowie den Reaktionsbedingungen (hohe Temperaturen begünstigen *E*-Reaktionen) ab, welcher überwiegt.

Analog zu den nucleophilen Substitutionen können auch Eliminierungen prinzipiell nach zwei Mechanismen ablaufen, dem *monomolekularen* (*E 1*) und dem *bimolekularen Mechanismus* (*E 2*). Der geschwindigkeitsbestimmende Schritt der *monomolekularen Eliminierung* ist wie bei der S_N1-Reaktion die Ablösung des Substituenten X unter Bildung eines Carboniumions:

$$R-\overset{\beta}{\underset{|}{C}}-\overset{\alpha}{\underset{|}{C}}-X \xrightarrow{\text{langsam}} R-\overset{\beta}{\underset{|}{C}}-\overset{\alpha}{\underset{\oplus}{C}}\scriptstyle < + X|^{\ominus}.$$

Das gebildete Carbonium gibt nun vom β-Kohlenstoff ein Proton an die Base Y ab und stabilisiert sich zum ungesättigten Endprodukt:

$$R-\underset{H}{\overset{|}{C}}-\underset{\oplus}{C}\scriptstyle < + Y|^{\ominus} \xrightarrow{\text{schnell}} \underset{R}{\scriptstyle >}C=C\scriptstyle < + HY.$$

4.3. Eliminierung

S_N1- und $E1$-Reaktionen laufen stets parallel, werden durch polare Lösungsmittel begünstigt und sind im allgemeinen nicht stereospezifisch (siehe auch Kapitel 4.2.1.). Befinden sich raumfüllende Substituenten am Carboniumkohlenstoff, so überwiegt die Eliminierung, da deren Endprodukt eine vorteilhaftere sterische Anordnung aufweist als das mögliche Substitutionsprodukt.

Monomolekulare Eliminierungen sind u. a. die Verseifung tertiärer Halogenide, Sulfoniumsalze und Sulfonsäureester sowie die saure Dehydratisierung von Alkoholen.

Die Mehrzahl der β-Eliminierungen verläuft nach dem Mechanismus der *bimolekularen Eliminierung*.

Ihr Verlauf ist dadurch gekennzeichnet, daß sich im gleichen Maße, wie sich die Base $Y|^\ominus$ einem Proton des β-Kohlenstoffs nähert, der Substituent X am α-Kohlenstoff löst. Es bildet sich ein Übergangszustand:

$$Y|^\ominus + H-\underset{|}{\overset{R}{\underset{|}{C}}}-\underset{|}{\overset{|}{C}}-X \longrightarrow \left[\overset{\delta^-}{Y}---H---\underset{|}{\overset{R}{\underset{|}{\overset{|\beta}{C}}}}=\underset{|}{\overset{|\alpha}{C}}---\overset{\delta^-}{X} \right]^\ominus .$$

Während nun die Base das Proton ablöst, wird gleichzeitig am benachbarten Kohlenstoffatom der Substituent X als Anion oder Neutralteilchen abgestoßen und die teilweise schon ausgebildete Doppelbindung stabilisiert:

$$\text{Übergangszustand} \longrightarrow HY + \overset{R}{\underset{}{}}C=C\underset{}{\overset{}{}} + X|^\ominus .$$

Die bimolekulare Eliminierung verläuft als stereospezifische trans-Eliminierung, d. h., es werden z. B. bei der Dehydratisierung des Cyclohexanols die Hydroxylgruppe und das dazu trans-ständige Wasserstoffatom abgespalten:

In den Arbeitsvorschriften 4.3.2.1. und 4.3.2.2. werden vereinfachte Formelbilder verwendet.

Die $E2$-Reaktion wird durch starke Basen, besonders wenn diese in hohen Konzentrationen vorliegen, begünstigt. Sie wird der S_N2-Reaktion gegenüber immer dann überwiegen, wenn infolge sterischer Hinderung der nucleophile Angriff am α-Kohlenstoff erschwert ist.

Bimolekulare Eliminierungen sind u. a. die Dehydrohalogenierung und die Solvolyse von Oniumsalzen (X = $-\overset{\oplus}{N}R_3, -\overset{\oplus}{P}R_3, -\overset{\oplus}{S}R_2$).

4.3.2. Arbeitsvorschriften

Ü₁₆ 4.3.2.1. Cyclohexen

$$\text{C}_6\text{H}_{11}\text{OH} \xrightarrow[-H_2O]{(H_2SO_4)} \text{C}_6\text{H}_{10}$$

0,4 Mol Cyclohexanol und 0,04 Mol konz. Schwefelsäure werden in einem 100-ml-Rundkolben mit absteigendem Kühler im Ölbad erhitzt. Man hält die Badtemperatur zwischen 155 und 160 °C. Nach reichlich zwei Stunden bricht man die Reaktion ab. Das Destillat versetzt man mit Natriumchlorid, solange dieses noch in Lösung geht. Dann trennt man das Cyclohexen im Scheidetrichter ab und destilliert nach dem Trocknen mit Calciumchlorid. Ausbeute: etwa 70% d. Th.; $Kp.$: 84 °C.

Ü₁₇ 4.3.2.2. Cyclohexadien-(1.3)

$$\text{C}_6\text{H}_{10}\text{Br}_2 \xrightarrow[-2HBr]{(Chinolin)} \text{C}_6\text{H}_8$$

In einem 100-ml-Zweihalskolben wird ein Gemisch von 0,1 Mol 1.2-Dibromcyclohexan (Ü₁₈) und 0,35 Mol frisch destilliertem Chinolin im Ölbad auf 160 bis 170 °C erhitzt.
Die Temperatur kontrolliert man mit einem in die Lösung eintauchenden Thermometer. Der Kolben ist mit einem gut wirkenden Kühler verbunden, an den eine mit Eis gekühlte Vorlage angeschlossen ist.
Unter Dunkelfärbung setzt die Reaktion ein, wobei das gebildete Cyclohexadien abdestilliert. Wenn die Reaktion abgeklungen ist, gibt man einen neuen Siedestein in das Gemisch und steigert die Temperatur langsam auf 190 °C. Dann wird so lange weiterdestilliert, bis unter 100 °C nichts mehr übergeht.
Das Destillat schüttelt man mit verd. Schwefelsäure aus, trocknet mit Calciumchlorid und fraktioniert zweimal über einem erbsengroßen Stückchen frisch entrindetem Natrium (Vorsicht im Umgang mit Natrium! siehe Kapitel 2.).
Die Fraktion von 80 bis 82 °C besteht zu 80 bis 90% aus Cyclohexadien-(1.3), der Rest ist Cyclohexen.
Ausbeute: etwa 60% d. Th.

4.3.3. Kontrollfragen

1. Warum werden monomolekulare Eliminierungen durch polare Lösungsmittel begünstigt?

2. In der Reihe primäre, sekundäre und tertiäre Alkohole wird die Eliminierung von Wasser immer leichter. Begründen Sie diese Erscheinung!

3. Formulieren Sie die beiden Möglichkeiten der Eliminierung von Wasser aus 2-Methylbutanol-(2)!
Welche Variante ist die wahrscheinlichere?

4.4. Elektrophile Addition an Alkene

4.4.1. Theoretische Grundlagen

Eine olefinische Doppelbindung kann auf Grund der Beweglichkeit der π-Elektronen leicht polarisiert werden.
Sie ist daher sowohl zu nucleophilen als auch zu elektrophilen Reaktionen befähigt.
Die von den Alkenen bevorzugte Reaktion ist die *elektrophile Addition* (Symbol A_E).
Hierbei wirkt das Olefin gegenüber elektrophilen Agenzien (zumeist Kationen) als Elektronendonator.
Die Reaktivität des Olefins ist abhängig von der Art und Anzahl der an der Doppelbindung befindlichen Substituenten. Während $+I$ und $+M$-Substituenten die Elektronendichte der Doppelbindung vergrößern und damit die elektrophile Addition fördern, vermindern $-I$ und $-M$-Substituenten deren nucleophile Reaktivität.
Als Agenzien kommen hauptsächlich Protonen- oder LEWIS-Säuren in Frage, deren Reaktionsfreudigkeit mit ihrer Acidität bzw. Elektrophilie ansteigt.
Die elektrophile Addition wird durch den Angriff des Reaktionspartners $X^\oplus$ auf die Doppelbindung eingeleitet. Dabei bildet sich ein lockeres Addukt, ein sogenannter π-Komplex, der sich in ein *Carboniumion* umlagert.

$$\text{>C=C<} + X^\oplus \longrightarrow \left[\text{>C} \overset{X}{\underset{\oplus}{-}} \text{C<}\right]$$

Diesem cyclischen Carboniumion nähert sich nun — von der Gegenseite des bereits eingetretenen Substituenten X — ein nucleophiler Partner $Y|^\ominus$, bricht eine der stark polarisierten Bindungen C—X auf und lagert sich an das freiwerdende Kohlenstoffatom an:

$$\left[\text{>C} \overset{X}{\underset{\oplus}{-}} \text{C<}\right] + Y|^\ominus \longrightarrow -\overset{X}{\underset{|}{C}}-\overset{|}{\underset{Y}{C}}-$$

Das Carboniumion ist ein Zwischenprodukt. Befinden sich nämlich im Reaktionsgemisch verschiedenartige nucleophile Komponenten, so werden alle theoretisch möglichen Additionsprodukte gebildet. Daß diese Partner immer in trans-Stellung angreifen, läßt sich zwar bei kettenförmigen Alkenen nicht nachweisen; jedoch entsteht bei der Bromaddition an Cyclohexen, dessen Kohlenstoffatome um die σ-Bindungen nicht frei drehbar sind, ausschließlich das trans-1.2-Dibromcyclohexan.
Die wichtigsten elektrophilen Additionsreaktionen sind:
Anlagerung von HX (X = Halogenid, $HSO_4^\ominus$, $H_2PO_4^\ominus$, $OH^\ominus$, $OR^\ominus$), X_2, HOX, NOX (X = Halogen), O, O_3.
Bei der Addition von Protonsäuren wird das Proton sofort an einem Kohlenstoffatom lokalisiert, wobei sich bei unsymmetrisch substituierten Olefinen das jeweils

thermodynamisch stabilste Carboniumion bildet. So entsteht zum Beispiel bei der Addition von HX an Propen nicht das Propylium — sondern das auf Grund des + I-Effektes der Alkylgruppen stabilere Isopropyliumion.

$$CH_3-CH=CH_2 + H^\oplus \begin{array}{c} \nearrow CH_3-\overset{\oplus}{C}H-CH_3 \\ \searrow\!\!\!\!\!\!\!/ \;\; CH_3-CH_2-\overset{\oplus}{C}H_2 \end{array}$$

Diese Erscheinung findet in der MARKOWNIKOW-Regel ihren Ausdruck, die besagt, daß bei der elektrophilen Addition von Protonsäuren an unsymmetrisch substituierte Alkene das Proton immer an das wasserstoffreichste Kohlenstoffatom der Doppelbindung tritt.

Gegensätzlich verläuft die radikalische Addition (siehe Kapitel 4.5.).

Eine Additionsreaktion, die auf Grund ihrer Beeinflußbarkeit durch LEWIS-Säuren an dieser Stelle mit erwähnt werden soll, ist die *Diensynthese nach* DIELS-ALDER. Hierunter versteht man die Cycloaddition einer ungesättigten Verbindung mit durch Nachbargruppen aktivierter Mehrfachbindung, dem „Philodien", an einen Kohlenwasserstoff mit konjugierten Doppelbindungen, das „Dien".

Sowohl das *Dien* als auch die *dienophile Komponente* (*Philodien*) können weitgehend variiert werden.

Diene: z. B. Butadien, Cyclohexadien, Anthracen, Furan.

Philodiene: z. B. Maleinsäureanhydrid, Acrolein, Crotonaldehyd.

4.4.2. Arbeitsvorschriften

Ü$_{18}$ 4.4.2.1. 1.2-trans-Dibromcyclohexan

In einen mit KPG-Rührer, Sumpfthermometer und Tropftrichter versehenen 250-ml-Dreihalskolben gibt man ein Gemisch von 0,25 Mol Cyclohexen (Ü$_{16}$) und 30 ml Chloroform und läßt unter Außenkühlung (Kältemischung) und ständigem Rühren eine Lösung von 0,225 Mol Brom in 100 ml Chloroform langsam eintropfen. Die Bromfarbe verschwindet augenblicklich. Man tropft so zu, daß keine größeren Konzentrationen an unverbrauchtem Brom auftreten (Farbe!) und die Temperatur +5 °C nicht übersteigt.

4.5. Radikalische Addition an Alkene

Danach versieht man den Kolben mit Kapillare, Aufsatz und Kühler und destilliert unter Verwendung eines Wasserbades im leichten Vakuum das Lösungsmittel ab. Um das zurückgebliebene Rohprodukt zu stabilisieren, schüttelt man es 5 Minuten mit $^1/_3$ seines Volumens 20%iger alkoholischer Kalilauge, verdünnt anschließend mit dem gleichen Volumen Wasser, trennt die untere Phase ab, wäscht sie alkalifrei und trocknet mit Natriumsulfat.

Danach wird im Vakuum destilliert. Die Hauptfraktion ($Kp._{12}$: 96 bis 98 °C; $Kp._{25}$: 108 bis 112 °C) stellt das 1.2-Dibromcyclohexan dar. Ausbeute: etwa 70% d. Th.

4.4.2.2. Diels-Alder-Addukt

Bicyclo[2.2.2]octen-(2)-dicarbonsäure-(5.6)-anhydrid

0,025 Mol Cyclohexadien-(1.3) ($Ü_{17}$) und 0,025 Mol Maleinsäureanhydrid werden in 5 ml Benzol 30 Minuten am Rückfluß zum Sieden erhitzt.
Die Lösung wird dann mit etwa 30 ml Cyclohexan versetzt, das Gemisch bis zur Lösung des Adduktes erhitzt und heiß filtriert. Nach dem Erkalten wird das farblose Kristallisat abgesaugt und an der Luft getrocknet.
Ausbeute: etwa 90% d. Th.; F.: 147 °C.

4.4.3. Kontrollfragen

1. Vergleichen Sie die nucleophile Reaktivität des Äthylens mit den Reaktivitäten der entsprechenden alkylsubstituierten Verbindungen sowie des Vinylchlorids und des Äthins!
2. Formulieren Sie die Reaktionen von 3-Methylpenten-(2) mit Br_2, HCl, HOCl und O_3!
3. Formulieren Sie die Diels-Alder-Reaktionen von Butadien und Acrolein und von Anthracen mit Maleinsäureanhydrid!

4.5. Radikalische Addition an Alkene

4.5.1. Theoretische Grundlagen

Alkene sind in der Lage, sowohl elektrophile (siehe Kapitel 4.4.) bzw. nucleophile Reagenzien als auch Radikale zu addieren.
So können an olefinische Doppelbindungen z. B. Halogene, Bromwasserstoff, Alkohole, Mercaptane und Aldehyde radikalisch angelagert werden.

Aus Benzol und Chlor entsteht unter radikalischen Bedingungen Hexachlorcyclohexan, dessen γ-Isomeres, das *Gammexan*, als Insektizid große Bedeutung hat.
Bei der radikalischen Addition an Alkene wird die π-Bindung durch ein sich der Doppelbindung näherndes Radikal entkoppelt, und das Radikal tritt mit einem der beiden Elektronen in Wechselwirkung.
Für die Addition von HBr an Propen sind zwei Varianten denkbar:

$$CH_3-CH=CH_2 \begin{cases} \xrightarrow{Br\cdot} CH_3-\overset{H}{\underset{Br}{C}}-\overset{\cdot}{C}H_2 & a) \\ \xrightarrow{Br\cdot} CH_3-\overset{H}{\underset{\cdot}{C}}-CH_2Br & b) \end{cases}$$

Es entsteht das energieärmere und stabilere 1-Brom-propylradikal (Variante b), dessen bevorzugte Bildung auch unter sterischen Aspekten verständlich ist.
Das Endprodukt der ablaufenden Reaktionskette ist das 1-Brompropan, d. h., die Addition von HBr an Alkene verläuft unter radikalischen Bedingungen (*Peroxid-Effekt*) entgegen der MARKOWNIKOW-Regel.

Ü₂₀ 4.5.2. Arbeitsvorschrift für 1.3-Dibrom-propan

$$Br-CH_2-CH=CH_2 + HBr \longrightarrow Br-(CH_2)_3-Br$$

Man trocknet Tetralin mit Na_2SO_4, destilliert es und gibt zu 20 ml einige Spatelspitzen Eisenpulver bzw. Eisenfeilspäne. Dann tropft man sehr langsam 15 ml Brom zu. Anfangs muß erwärmt werden, um die HBr-Entwicklung in Gang zu bringen, die dann ohne weitere Wärmezufuhr abläuft. Das entstehende HBr-Gas, das man zur Entfernung mitgerissenen Broms durch eine Waschflasche mit Tetralin perlen läßt, wird in 0,2 Mol Allylbromid geleitet (100-ml-Dreihalskolben, Innenthermometer, Rückflußkühler, Außenkühlung mit Eiswasser). Die Reaktionslösung wird von außen mit einer UV-Lampe oder besser von innen mit einer gekühlten Tauchlampe bestrahlt **(Schutzbrille tragen!)**.
Nach etwa zweistündiger Reaktion wird der Kolbeninhalt destilliert. Unumgesetztes Allylbromid siedet bei 70 °C und kann wieder verwendet werden. Als zweite Fraktion geht bei 165 bis 168 °C das 1.3-Dibrompropan über.
Ausbeute: etwa 25%; $n_D^{20} = 1{,}520$.
Nach Ende des Versuchs sind alle Geräte unter dem Abzug mit Methanol auszuspülen.

4.5.3. Kontrollfragen

1. Formulieren Sie die radikalische Addition von HBr an Buten-(1)!

2. Geben Sie die Formel für Tetralin an, und formulieren Sie die Darstellung von HBr in Ü₂₀!

4.6. Elektrophile Substitution an Aromaten

Ü$_{21}$—
Ü$_{25}$

4.6.1. Theoretische Grundlagen

Aromatische Verbindungen bieten auf Grund ihrer π-Elektronenwolke (z. B. sechs delokalisierte π-Elektronen im Benzol) elektrophilen Reagenzien (X$^\oplus$) zahlreiche Möglichkeiten zu *elektrophilen Substitutionsreaktionen*.

Der angreifende Partner X$^\oplus$ bildet mit dem Aromaten zunächst einen π-*Komplex* (X$^\oplus$ ist der π-Elektronenwolke zugeordnet) und daraus einen σ-*Komplex* (Carboniumion, X ist an eines der sechs Kohlenstoffatome gebunden), die in Substanz zwar nicht faßbare, wohl aber z. B. spektroskopisch nachweisbare Zwischenstufen darstellen.

Im Gegensatz zur elektrophilen Addition an Alkene (siehe Kapitel 4.4.), die bis dahin analog verläuft, entreißt nun ein basischer Partner (z. B. das Chloridanion bei der Chlorierung) dem σ-Komplex ein Proton, und das Substitutionsprodukt liegt wieder im energieärmeren aromatischen Zustand vor. LEWIS-Säuren (z. B. FeBr$_3$, ZnCl$_2$, AlCl$_3$) katalysieren die Bildung des angreifenden Partners X$^\oplus$, für den einige wichtige Beispiele anschließend aufgeführt sind.

Br$^\oplus$, Cl$^\oplus$	— Halogenierung
NO$^\oplus$	— Nitrosierung
NO$_2^\oplus$	— Nitrierung
HSO$_3^\oplus$	— Sulfonierung
SO$_2$Cl$^\oplus$	— Chlorsulfonierung
R$^\oplus$	— Alkylierung
R—$\overset{\oplus}{\text{CO}}$	— Acylierung
R—$\overset{\oplus}{\text{N}_2}$	— Kupplung

Diese elektrophilen Reagenzien können sowohl mit unsubstituierten als auch mit substituierten Aromaten reagieren. Ist am Aromaten schon ein Substituent vorhanden, so spricht man von einer *Zweitsubstitution*. Dabei spielt der schon vorhandene Substituent die dafür entscheidende Rolle, ob das elektrophile Agens in o-, m- oder p-Stellung angreift.

Nach den klassischen *empirischen* HOLLEMAN-*Orientierungsregeln*, die unter Berücksichtigung der elektronischen Einflüsse (M-, I-Effekte) der Erstsubstituenten auf den aromatischen Ring heute theoretisch eindeutig interpretierbar sind, erhöhen *Sub-*

stituenten erster Ordnung (Alkylgruppen, Halogene, —OH, —NH$_2$, —NHR, —NR$_2$, —N=N—R) mit Ausnahme der Halogene die Reaktivität der Aromaten und dirigieren in o- und p-Stellung. *Substituenten zweiter Ordnung* (z. B. —COOH, —CHO, —NO$_2$, —$\overset{\oplus}{\text{NR}_3}$, —SO$_3$H, —CN) dirigieren unter Verminderung der Reaktivität in m-Stellung.

4.6.2. Arbeitsvorschriften

Ü$_{21}$ 4.6.2.1. 2.4-Dinitro-chlorbenzol

$$\text{C}_6\text{H}_5\text{Cl} + 2\text{HNO}_3 \xrightarrow{(\text{H}_2\text{SO}_4)} \text{(O}_2\text{N)}\text{C}_6\text{H}_3\text{Cl}(\text{NO}_2) + 2\text{H}_2\text{O}$$

0,035 Mol Chlorbenzol werden portionsweise mit 10 ml rauchender Salpetersäure vermischt, wobei von Zeit zu Zeit unter fließendem Wasser gekühlt wird. Danach gibt man allmählich 10 ml konzentrierte Schwefelsäure hinzu. Das Gemisch erwärmt sich von selbst, und Dinitrochlorbenzol scheidet sich als Öl ab. Es wird noch 1$\frac{1}{2}$ Stunden unter gelegentlichem Schütteln auf dem Wasserbad erwärmt.
Anschließend wird das Gemisch auf Eis gegossen und das abgesetzte Produkt bis zur neutralen Reaktion mit Wasser gewaschen. Man kristallisiert aus Äthanol um. Ausbeute und Schmelzpunkt sind zu bestimmen!
F.: 51 °C.

Ü$_{22}$ 4.6.2.2. p-Acetamino-benzolsulfochlorid

$$\text{C}_6\text{H}_5\text{NH-CO-CH}_3 + 2\text{ClSO}_3\text{H} \longrightarrow \text{CH}_3\text{CO-NH-C}_6\text{H}_4\text{-SO}_2\text{Cl} + \text{H}_2\text{SO}_4 + \text{HCl}$$

0,1 Mol Acetanilid werden bei 15 °C unter Rühren in 0,3 Mol Chlorsulfonsäure (**Arbeitsschutzbestimmungen beachten! Schutzbrille! Abzug!**) eingetragen. Man erwärmt auf 60 °C und rührt bis zum Nachlassen der HCl-Entwicklung. Das Reaktionsgemisch gibt man vorsichtig unter gutem Umrühren auf Eis (Abzug!) und filtriert das feste Produkt ab. Nach dem Waschen der kristallinen Masse mit Wasser kristallisiert man das auf Ton abgepreßte Produkt aus Aceton um.

Hinweis zum Umkristallisieren

Man löst die Substanz in wenig auf 35 °C erwärmtem Aceton, kühlt auf —10 °C ab und saugt die gebildeten Kristalle ab. Nach dem Waschen mit eiskaltem Benzol und Abpressen auf Ton bestimme man Ausbeute und Schmelzpunkt.
F.: 149 °C.

4.6.2.3. Methylorange (Helianthin)

$$NaO_3S-C_6H_4-NH_2 \xrightarrow[-NaCl,-2H_2O]{NaNO_2, 2HCl} [HO_3S-C_6H_4-\overset{\oplus}{N}\equiv N|]\ Cl^{\ominus}$$

$$\xrightarrow[-HCl]{+C_6H_5N(CH_3)_2} NaO_3S-C_6H_4-\bar{N}=\bar{N}-C_6H_4-N\begin{matrix}CH_3\\CH_3\end{matrix}$$

0,003 Mol Sulfanilsäure werden in 0,003 Mol Natronlauge suspendiert (zur Verfügung steht 2n Natronlauge) und zu einer Lösung von 0,003 Mol Natriumnitrit in 2,5 ml Wasser gegeben. Zu diesem Gemisch gibt man bei 0 °C, 0,003 Mol Salzsäure (zur Verfügung steht 2n Salzsäure).
Man löst 0,0025 Mol. N, N-Dimethylanilin in 0,025 Mol Salzsäure und gibt diese Lösung unter ständigem Schütteln zu der eisgekühlten Diazoniumsalzlösung.
Beim Alkalisieren mit verdünnter Natronlauge fällt der Farbstoff aus, den man nach dem Abfiltrieren auf Ton abpreßt. Man kristallisiert aus heißem Wasser um.
Eine Probe des Farbstoffs löst man in verdünntem Alkohol. Mit dieser Lösung überzeuge man sich von den Indikatoreigenschaften der Substanz.

4.6.2.4. Triphenylmethylchlorid (Tritylchlorid)

$$3\ C_6H_6 + CCl_4 \xrightarrow{(AlCl_3)} C_6H_5-\underset{C_6H_5}{\overset{C_6H_5}{\underset{|}{\overset{|}{C}}}}-Cl + 3\ HCl$$

In einer völlig trocknen Apparatur, bestehend aus einem 100-ml-Dreihalskolben mit KPG-Rührer, Kühler mit aufgesetztem Chlorcalciumrohr und Tropftrichter, läßt man bei Raumtemperatur 0,04 Mol trockenen Tetrachlorkohlenstoff zu einer Mischung von 0,06 Mol Aluminiumchlorid in 0,6 Mol trockenem thiophenfreiem Benzol zutropfen. Man rührt etwa 1 Stunde bis zum Nachlassen der HCl-Entwicklung.
Das rote Reaktionsgemisch wird unter Rühren so langsam in eine Mischung von 30 g Eis und 30 ml konz. Salzsäure gegossen, daß die Temperatur nicht über 0 °C steigt.
Die isolierte organische Phase wird schnell dreimal mit 20 ml eisgekühlter halbkonzentrierter Salzsäure durchgeschüttelt, anschließend dreimal mit 20 ml Eiswasser. Nach dem Trocknen über $CaCl_2$ destilliert man das Benzol unter leichtem Wasserstrahlvakuum auf dem Wasserbad ab, läßt abkühlen und kristallisiert die feste Masse aus Ligroin (Kp. 90 bis 100°C) unter Zusatz von etwa 1 ml Acetylchlorid um. Man bestimme Schmelzpunkt und Ausbeute!
F.: 114 °C.

Ü₂₅ 4.6.2.5. m-Brombenzoesäure

$$\text{C}_6\text{H}_5\text{COOH} + \text{Br}_2 \xrightarrow{\text{(Fe)}} \text{Br-C}_6\text{H}_4\text{-COOH} + \text{HBr}$$

0,06 Mol Benzoesäure werden mit 0,007 Grammatomen Eisen in einem 100-ml-Dreihalskolben (mit Kühler, KPG-Rührer, Tropftrichter) im Ölbad bei einer Temperatur von 160 bis 170 °C mit 0,035 Mol Brom versetzt. Man rührt noch 1,5 Stunden bei 170 °C und eine weitere Stunde bei 260 °C.
Nach dem Abkühlen löst man das Reaktionsprodukt in Sodalösung, filtriert und fällt mit verdünnter Salzsäure das Produkt aus.
Es wird durch fraktionierte Kristallisation (siehe Kapitel 3.2.2.) aus Wasser von nichtumgesetztem Ausgangsprodukt getrennt.
Man bestimme Ausbeute und Schmelzpunkt!
F.: 155 °C.

4.6.3. Kontrollfragen

1. Erläutern Sie die katalytische Wirkung von LEWIS-Säuren bei FRIEDEL-CRAFTS-Reaktionen!

2. Formulieren Sie folgende Umsetzungen und benennen Sie das Endprodukt!
   a) Bromierung von Phenol,
   b) Chlorsulfonierung von Toluol,
   c) Acetylierung von Benzol.

3. Methylorange ist im alkalischen Medium gelb (siehe Kapitel 4.6.2.3.). Welche Formel hat die rote Form, die im Sauren vorliegt?

Ü₂₆ 4.7. Nucleophile Substitution am aktivierten Aromaten

4.7.1. Theoretische Grundlagen

Wie in Kapitel 4.6.1. erläutert wurde, können Aromaten auf Grund ihrer π-Elektronenwolke leicht elektrophil substituiert werden. Nucleophile Substitutionen am Aromaten (z. B. Darstellung von Phenol aus Chlorbenzol bzw. von Anilin aus Benzol und Ammoniak) sind viel schwieriger bzw. gar nicht durchführbar.
Führt man aber in den Aromaten elektronenanziehende Gruppierungen ein (z. B. o- oder p-ständige Nitrogruppen im Chlorbenzol bzw. die —N=Gruppierung des Pyridins an Stelle einer —CH=Gruppierung des Benzols), so werden bestimmte Kohlenstoffatome des Rings positiviert (Kohlenstoff der C—Cl Gruppierung im p-Nitrochlorbenzol bzw. das Kohlenstoffatom in 2-Stellung des Pyridins), und diese dadurch *aktivierten Aromaten* sind der *nucleophilen Substitution* zugänglich.

4.7. Nucleophile Substitution am aktivierten Aromaten

Der Mechanismus dieser Reaktion ist dem der S_N2-Substitution am gesättigten Kohlenstoffatom (siehe Kapitel 4.2.1.) ähnlich.

$$O_2N-C_6H_4-Cl + |\overline{O}H^\ominus \longrightarrow O_2N-C_6H_4-OH + |\overline{Cl}|^\ominus,$$

$$O_2N-C_6H_3(NO_2)_2-Cl + \overline{O}\begin{smallmatrix}H\\H\end{smallmatrix} \longrightarrow O_2N-C_6H_3(NO_2)_2-OH + H^\oplus + Cl^\ominus,$$

$$\underset{N}{\bigcirc}_H + Na^\oplus |\overline{N}H_2^\ominus \xrightarrow{-H_2} \underset{N}{\bigcirc}-\overline{N}H^\ominus Na^\oplus \xrightarrow[-NaOH]{H_2O} \underset{N}{\bigcirc}-NH_2 \; .$$

Das zweite Beispiel zeigt, daß bei Einführung von drei Substituenten mit $-M$-Effekt die nucleophile Substitution bereits unter sehr milden Bedingungen durchführbar ist. Es ist verständlich, daß Substituenten, die die Elektronendichte im Kern erhöhen (z. B. Alkylgruppen, $-OH$, $-NH_2$), den nucleophilen Austausch erschweren bzw. unmöglich machen.

4.7.2. Arbeitsvorschrift für 2.4-Dinitrophenylhydrazin

$$O_2N-C_6H_3(NO_2)-Cl + H_2N-NH_2 \longrightarrow O_2N-C_6H_3(NO_2)-NH-NH_2 + H^\oplus + Cl^\ominus$$

In einem 100-ml-Zweihalskolben mit Rückflußkühler und Tropftrichter löst man 0,012 Mol 2.4-Dinitrochlorbenzol in 20 ml warmem Methanol (Wasserbad!). Innerhalb von 5 Minuten läßt man 0,015 Mol Hydrazinhydrat in Form einer 10%igen wäßrig-methanolischen Lösung unter ständigem Umschwenken zutropfen.
Das Reaktionsgemisch wird 30 Minuten am Rückfluß gekocht. Man saugt heiß ab und wäscht mit 10 ml heißem Methanol und schließlich mit 5 ml Äther.
F.: 200 °C; Ausbeute: 80%.

4.7.3. Kontrollfragen

1. Eine technische Darstellung von Pikrinsäure verläuft über folgende Stufen:

   Chlorbenzol → 2.4-Dinitrochlorbenzol → 2.4-Dinitrophenol → Pikrinsäure

   a) Formulieren Sie die Strukturen der genannten Verbindungen!
   b) Nach welchem Reaktionsmechanismus verlaufen die einzelnen Schritte?
   c) Warum wird der Reaktionsweg nicht gekürzt (Chlorbenzol → Trinitrochlorbenzol → Pikrinsäure)?
   d) Warum wird Pikrinsäure nicht durch direkte Nitrierung von Phenol gewonnen?

2. Warum sollen Nitroverbindungen (z. B. Nitrobenzol) nicht mit Ätzkali getrocknet werden?

3. Wozu wird 2.4-Dinitrophenylhydrazin verwendet?

4. Erläutern Sie, ob Thiophen, daß ebenso wie Pyridin ein Heteroaromat ist, nucleophil substituiert werden kann?

4.8. Nucleophile Reaktionen an Aldehyden und Ketonen

4.8.1. Theoretische Grundlagen

Die hohe Reaktivität von Aldehyden und Ketonen beruht auf der *Polarität* ($-$I-Effekt des Sauerstoffs) und leichten *Polarisierbarkeit* der Carbonylgruppe:

$$\begin{array}{c}R'\\R''\end{array}\!\!>\!C\overset{\delta+}{=}\overset{\delta-}{O}$$

Aldehyde sind reaktiver als Ketone. Dem von der Carbonylgruppe ausgehenden Elektronenzug wird bei den Ketonen durch zwei Kohlenwasserstoffreste R' und R'' mit $+$ I-Effekt gegenüber einem Kohlenwasserstoffrest bei den Aldehyden ($R''=H$) eher nachgegeben. Das bedeutet eine Teilkompensation der positiven Ladung am Carbonylkohlenstoff. Aus dem gleichen Grunde nimmt in der homologen Reihe der Aldehyde die Reaktivität mit steigender Kohlenstoffzahl ab.

Von großer Bedeutung sind die *nucleophilen Additionen* an den positivierten Kohlenstoff der Carbonylverbindungen.

So reagieren Aldehyde und Ketone mit LEWIS-*Basen* (z. B. Wasser, Alkohole, Amine) nach folgendem Schema:

$$H\bar{B} + >\!C\!=\!O \rightleftarrows H-\overset{\oplus}{B}-\overset{|}{\underset{|}{C}}-\overset{\ominus}{O}| \rightleftarrows \bar{B}-\overset{|}{\underset{|}{C}}-OH \, . \qquad (4.8.1.1)$$
$$\qquad\qquad\qquad\qquad I \qquad\qquad II$$

Das Zwitterion *I* stabilisiert sich durch Protonenwanderung zu *II*. Der in Gleichung (4.8.1.1) formulierte Additionsschritt kann auch durch Säuren katalysiert werden:

$$H\bar{B} + >\!C\!=\!O + H^\oplus \rightleftarrows H-\overset{\oplus}{B}-\overset{|}{\underset{|}{C}}-OH \xrightarrow{-H^\oplus} IB-\overset{|}{\underset{|}{C}}-OH \, . \qquad (4.8.1.2)$$
$$\qquad\qquad\qquad\qquad\qquad I \qquad\qquad\qquad II$$

Säurezugabe ist dann erforderlich, wenn das Reagens schwach nucleophil ist (z. B. 2.4-Dinitrophenylhydrazin).

Die Stufe *II* in den Gleichungen (4.8.1.1) und (4.8.1.2) wird im Verlauf der weiteren Reaktion an der Hydroxylgruppe protonisiert und spaltet anschließend Wasser unter Bildung eines Carboniumions ab, das sich durch Abgabe eines Protons (z. B.

4.8. Nucleophile Reaktionen an Aldehyden und Ketonen

Tabelle 3: Nucleophile Reaktionen der Aldehyde und Ketone

Teil A

Reaktion	Produkt
$\text{>C=O} + \text{H}-\bar{\text{O}}-\text{H} \rightleftharpoons \text{>C(OH)(OH)}$	Hydrat
$\text{>C=O} + \text{R}-\bar{\text{O}}-\text{H} \rightleftharpoons \text{>C(OR)(OH)} \xrightarrow[-\text{H}_2\text{O}]{+\text{ROH}} \text{>C(OR)(OR)}$	Acetal / Ketal
$\text{>C=O} + \text{H}_2\text{N}-\text{R} \longrightarrow \text{>C=}\bar{\text{N}}\text{R} + \text{H}_2\text{O}$	SCHIFFsche Base
$\text{>C=O} + \text{H}_2\text{N}-\text{OH} \longrightarrow \text{>C=}\bar{\text{N}}-\text{OH} + \text{H}_2\text{O}$	Oxim
$\text{>C=O} + \text{H}_2\text{N}-\text{NH}-\text{R} \longrightarrow \text{>C=}\bar{\text{N}}-\bar{\text{N}}\text{H}-\text{R} + \text{H}_2\text{O}$	Hydrazon
$\text{>C=O} + \text{H}_2\text{N}-\bar{\text{N}}\text{H}-\text{C(=O)}-\text{NH}_2 \longrightarrow \text{>C=}\bar{\text{N}}-\bar{\text{N}}\text{H}-\text{C(=O)}-\text{NH}_2 + \text{H}_2\text{O}$	Semicarbazon
$\text{>C=O} + |\text{S}(\text{=O})(\text{OH})(\text{O}-\text{Na}) \rightleftharpoons \text{>C(OH)(SO}_3\text{Na)}$	Bisulfitaddukt

Teil B

Reaktion	Produkt
$\text{>C=O} + \text{H}-\text{C}\equiv\text{N} \rightleftharpoons -\text{C(OH)(CN)}-$	Cyanhydrin
$\text{>C=O} + \text{H}-\text{C}\equiv\text{CH} \rightleftharpoons -\text{C(OH)}-\text{C}\equiv\text{CH}$	Äthinylierung
$\text{>C=O} + \text{H}-\text{CH}_2-\text{C(=O)H(R)} \rightleftharpoons -\text{C(OH)}-\text{CH}_2-\text{C(=O)H(R)}$	Aldoladdition
$\xrightarrow{-\text{H}_2\text{O}} \text{>C=CH}-\text{C(=O)H(R)}$	Aldolkondensation

Bildung SCHIFFscher Basen) oder Aufnahme einer Base (z. B. Acetalbildung) stabilisiert.

Dieser Kondensationsschritt schließt sich z. B. bei der Umsetzung von Aldehyden und Ketonen mit primären Aminen, Hydroxylamin oder Phenylhydrazin an.

In Tabelle 3 sind die wichtigsten nucleophilen Reaktionen der Aldehyde und Ketone aufgeführt.

Die im *Teil B* der Tabelle 3 aufgeführten Reaktionspartner besitzen keine nucleophilen Eigenschaften. Sie nehmen diese erst in Gegenwart starker Basen an:

$$|B^\ominus + H-\underset{|}{\overset{|}{C}}-R \rightleftharpoons BH + \underset{}{\overset{}{>}}\overset{\ominus}{C}-R \;. \qquad (4.8.1.3)$$
$$I$$

I in Gleichung (4.8.1.3) reagiert dann analog HB in den Gleichungen (4.8.1.1) und (4.8.1.2).

4.8.2. Arbeitsvorschriften

4.8.2.1. Acetessigsäureäthylester-äthylenketal

$$CH_3CO\;CH_2COOC_2H_5 + \begin{matrix}CH_2-OH\\CH_2-OH\end{matrix} \xrightarrow{-H_2O} CH_3-\underset{\underset{CH_2-CH_2}{|}}{\overset{\overset{}{|}}{\underset{O\quad O}{C}}}-CH_2-COOC_2H_5$$

In einem 100-ml-Rundkolben mit Wasserabscheider und Rückflußkühler hält man 0,1 Mol Acetessigsäureäthylester mit 0,1 Mol Äthylenglykol in 55 ml Benzol unter Zugabe einer kleinen Spatelspitze p-Toluolsulfonsäure eine Stunde auf Siedetemperatur. In dieser Zeit scheidet sich die berechnete Wassermenge ab.

Nach beendeter Reaktion alkalisiert man mit 15 ml 1 n NaOH und wäscht noch zweimal mit Wasser.

Die organische Phase wird mit Natriumsulfat getrocknet und im Vakuum destilliert. Der Vorlauf besteht aus Benzol.

$Kp._{17}$: 100 °C.

Berechnen Sie die Ausbeute!

4.8.2.2. Cyclohexanonoxim

$$\underset{}{\bigcirc}{=}O + H_2NOH \longrightarrow \underset{}{\bigcirc}{=}NOH + H_2O$$

In einem 100-ml-Dreihalskolben mit Rührer, Tropftrichter und Thermometer werden 0,15 Mol Hydroxylaminhydrochlorid und 0,12 Mol kristallisiertes Natriumacetat in 60 ml Wasser gelöst und auf 60 °C erwärmt. Unter Rühren tropft man 0,1 Mol Cyclohexanon ein und rührt noch eine halbe Stunde bei dieser Temperatur. Dann

wird mit einer Eis/Kochsalz-Mischung auf 0 °C abgekühlt und das ausgefallene Oxim abgesaugt. Das rohe Oxim wird umkristallisiert aus Methanol/Wasser 1:1.
F.: 90 °C.
Bestimmen Sie den Schmelzpunkt und berechnen Sie die Ausbeute!

4.8.2.3. Dibenzalaceton

$$2\ C_6H_5\text{-CHO} + CH_3COCH_3 \longrightarrow C_6H_5\text{-CH=CH-CO-CH=CH-}C_6H_5 + 2H_2O$$

In einem 100-ml-Becherglas legt man 0,1 Mol Benzaldehyd und 0,05 Mol Aceton in 30 ml Methanol vor. Unter mechanischem Rühren tropft man bei einer Innentemperatur von 20 bis 27 °C 10 ml einer 15%igen KOH-Lösung zu. Steigt die Temperatur höher, muß mit kaltem Wasser gekühlt werden. Zur Vervollständigung der Reaktion rührt man noch 45 Minuten nach. Das rohe Dibenzalaceton wird abgesaugt, mit Wasser dreimal gewaschen und aus Methanol umkristallisiert.
F.: 111 °C.
Bestimmen Sie den Schmelzpunkt und berechnen Sie die Ausbeute!

4.8.3. Kontrollfragen

1. Erläutern Sie die Begriffe Polarität und Polarisierbarkeit an zwei Beispielen!
2. Nennen Sie je zwei organische Reste, die einen +I- und einen −I-Effekt ausüben! Stufen Sie die Reaktivität einer damit verbundenen Carbonylgruppe ab!
3. Wiederholen Sie die Säure-Basen-Theorie nach Lewis und nennen Sie vier Lewis-Säuren und vier Lewis-Basen!
4. Formulieren Sie folgende Umsetzungen:
   a) p-Methoxybenzaldehyd und Anilin,
   b) Methyläthylketon und Äthanol,
   c) Pinakolon und Hydroxylamin!
5. Formulieren Sie die Aldolreaktion zweier Moleküle n-Butyraldehyd!

4.9. Nucleophile Reaktionen an Carbonsäuren und ihren Derivaten

4.9.1. Theoretische Grundlagen

Die Reaktivität von Carbonsäuren und ihren Derivaten ist analog Kapitel 4.8.1. zu erklären.
Jedoch läßt sich das bei der Reaktion von Aldehyden und Ketonen formulierte Additionsprodukt (Kapitel 4.8.1., Stufe *II* in Gleichungen (4.8.1.1) und (4.8.1.2)) bei

Tabelle 4: Nucleophile Reaktionen der Carbonsäuren und Derivate

Reaktion	Typ
$R-CO-X + H-\overline{O}-H \rightarrow R-CO-OH + HX$ (X = Halogen, Acyloxy-)	Hydrolyse von Säurehalogeniden und Anhydriden
$R-CO-X + R'-\overline{O}-H \rightarrow R-CO-OR' + HX$	Ester
$R-CO-X + R'-\overline{N}H-R'' \rightarrow R-CO-NR'R'' + HX$ (R' auch H)	Amide
$R-CO-X + R'-CO-OH \rightarrow (R-CO)-O-(CO-R') + HX$	gemischte Anhydride
$R-CO-OR' + H-\overline{O}-H \rightarrow R-CO-OH + R'OH$	Hydrolyse von Estern
$R-CO-OR + R'-\overline{N}H-R'' \rightarrow R-CO-NR'R'' + ROH$ (R' auch H)	Amide
$R-CO-OR' + H-CH_2-CO-OR'' \rightleftharpoons R-CO-CH_2-CO-OR'' + R'OH$	Esterkondensation
$R-CO-OH + R'OH \rightleftharpoons R-CO-OR' + H_2O$	Veresterung von Säuren
$R-CO-OH + NH_3 \rightarrow R-CO-NH_2 + H_2O$	Amide

4.9. Nucleophile Reaktionen an Carbonsäuren und ihren Derivaten

den Reaktionen der Carboxylderivate nicht fassen, da sich stets ein Kondensationsschritt zu einem energieärmeren Säurederivat anschließt.

$$HB| + -C\overset{\bar{O}|}{\underset{X}{\diagup}} \rightleftharpoons HB^{\oplus}-\underset{X}{\overset{|}{C}}-\bar{O}|^{\ominus}$$

$$\rightleftharpoons |B-\underset{X}{\overset{|}{C}}-\bar{O}H \xrightarrow{-HX} -C\overset{\bar{O}|}{\underset{B}{\diagup}} \, .$$

Die einzelnen Säurederivate lassen sich wie folgt mit zunehmender Reaktivität anordnen:

$$-C\overset{\bar{O}|}{\underset{O^{\ominus}}{\diagup}} < -C\overset{\bar{O}|}{\underset{OH}{\diagup}} < -C\overset{\bar{O}|}{\underset{OR}{\diagup}} < -C\overset{\bar{O}|}{\underset{NR_2}{\diagup}} < -C\overset{\bar{O}|}{\underset{Cl}{\diagup}} \, .$$

Es läßt sich stets aus einem rechts in der Reihe stehenden Säurederivat ein weiter links stehendes Derivat herstellen.
Der umgekehrte Weg ist nur bei eng benachbarten, sich in ihrer Reaktivität wenig unterscheidenden Ausgangsprodukten zu realisieren.
Einige wichtige Reaktionen der Carbonsäuren und ihrer Derivate sind schematisch in Tabelle 4 zusammengestellt.
Die FRIEDEL-CRAFTS-Acylierung mit Säurechloriden wurde bereits in Kapitel 4.6.1. behandelt.

4.9.2. Arbeitsvorschriften

4.9.2.1. Benzoesäureäthylester

Ü$_{30}$

$$\text{C}_6\text{H}_5\text{-COOH} + C_2H_5OH \longrightarrow \text{C}_6\text{H}_5\text{-COOC}_2H_5 + H_2O$$

In einem 50-ml-Rundkolben werden 0,1 Mol Benzoesäure und 0,5 Mol absoluter Alkohol mit 0,2 Mol konz. Schwefelsäure versetzt und eine Stunde unter Rückfluß und Feuchtigkeitsausschluß erhitzt.
Dann wird die 1,5-fache Menge Wasser zugegeben, und es wird mit 25 ml Äther ausgeschüttelt. Die organische Phase wird abgetrennt, mit konzentrierter Sodalösung entsäuert, zweimal mit Wasser gewaschen und über Calciumchlorid getrocknet. Man destilliert den Äther ab; der Ester siedet bei 212 °C.

Berechnen Sie die Ausbeute!

4.9.2.2. Cyanacetamid

Ü$_{31}$

$$NC-CH_2-COOC_2H_5 + NH_3 \longrightarrow NC-CH_2-CONH_2 + C_2H_5OH$$

Dieser Versuch ist unter dem Abzug durchzuführen!

In einem 250-ml-Becherglas wird 0,1 Mol Cyanessigsäureäthylester unter mechanischem Rühren langsam mit 40 ml konz. Ammoniak versetzt. Dann wird noch 40 Minuten gerührt und anschließend auf 0 °C abgekühlt. Das sich abscheidende Amid wird abgesaugt und aus Wasser umkristallisiert.
$F.$: 120 °C.

Bestimmen Sie den Schmelzpunkt und berechnen Sie die Ausbeute!

4.9.2.3. Phenylessigsäure

$$\text{C}_6\text{H}_5\text{-CH}_2\text{-CN} \xrightarrow[-\text{NH}_3]{\text{H}_2\text{O, OH}^\ominus} \text{C}_6\text{H}_5\text{-CH}_2\text{-COO}^\ominus \xrightarrow{\text{H}^\oplus} \text{C}_6\text{H}_5\text{-CH}_2\text{-COOH}$$

Dieser Versuch ist unter dem Abzug durchzuführen!
0,05 Mol Benzylcyanid wird mit 0,2 Mol 25%iger wäßriger Natronlauge 75 Minuten in einem 50-ml-Rundkolben unter Rückfluß erhitzt. Mit fortschreitender Reaktion verschwindet die organische Phase. Die erkaltete Lösung extrahiert man zweimal mit 25 ml Äther zur Entfernung unumgesetzten Benzylcyanids, säuert die wäßrige Phase mit 20%iger Schwefelsäure an und saugt die ausgefallene Carbonsäure ab. Man kristallisiert aus Wasser unter Zugabe weniger Milliliter Äthanol um.
$F.$: 78 °C.

4.9.3. Kontrollfragen

1. Ordnen Sie in die Reaktivitätsreihe der Säurederivate auch die Ketone und die Aldehyde ein und begründen Sie es!

2. Warum kann die FRIEDEL-CRAFTS-Acylierung sowohl in Kapitel 4.6. als auch im Kapitel 4.9. behandelt werden?

3. Überlegen Sie sich, aus welchen Lösungsmitteln Cyanacetamid (Ü$_{31}$) noch umkristallisiert werden kann!

4.10. Umlagerungen

4.10.1. Theoretische Grundlagen

Umlagerungen sind Reaktionen, bei denen ein Substituent innerhalb eines Moleküls unter Lösung und Neuknüpfung von Bindungen wandert.
Ist der wandernde Rest ein Anion (bzw. Kation, z. B. Proton, bzw. Radikal), so wird die Umlagerung (Symbol: R, von *rearrangement*) als *Anionotropie* oder *nucleophile Umlagerung* R_N (bzw. *Kationotropie*, z. B. *Prototropie*, R_E, bzw. *radikalische Umlagerung* R_R) bezeichnet. Zahlreiche nucleophile Umlagerungen verlaufen über

4.10. Umlagerungen

eine Zwischenstufe, in der ein Kohlenstoff- oder ein Heteroatom X lediglich ein *Elektronensextett* (*Sextettumlagerungen*) besitzt, das durch das freie Elektronenpaar des wandernden Anions zum stabileren Oktett aufgefüllt wird.

$$R'-\underset{R''}{\overset{R}{C}}-\overline{X}\oplus \xrightarrow{\sim R|\ominus} R'-\underset{R''}{\overset{\oplus}{C}}-\overline{X}-R$$

Das entstandene Carboniumion kann sich durch eine Folgereaktion (z. B. nucleophile Substitution, Eliminierung) stabilisieren. Für $X=CH_2$ gilt:

$$R'-\underset{R''}{\overset{\oplus}{C}}-CH_2-R \quad \begin{cases} \xrightarrow[S_N]{+Y|\ominus} R'-\underset{R''}{\overset{Y}{C}}-CH_2-R \\ \xrightarrow[E]{-H^\oplus} R'-\underset{R''}{C}=CH-R \end{cases}$$

Wichtige Beispiele für *Sextettumlagerungen*:

- X=C: Pinakolon-, WAGNER-MEERWEIN-Umlagerung.
- X=N: Säureabbaureaktionen nach HOFMANN, CURTIUS und SCHMIDT; BECKMANN-Umlagerung von Oximen.
- X=O: HOCK-Phenolsynthese.

Die Indolsynthese nach E. FISCHER ist eine *Mehrzentrenreaktion*, bei der die N—N-Bindung eines Phenylhydrazons gelöst, eine C—C-Bindung neu geknüpft und Ammoniak abgespalten wird.

$$\underset{}{\text{Ph-NH-N=C(R')(CH}_2\text{R)}} \longrightarrow \text{Indol} + NH_3 \,.$$

4.10.2. Arbeitsvorschriften

4.10.2.1. ε-Caprolactam   Ü$_{33}$

$$\text{Cyclohexanonoxim} \longrightarrow \text{ε-Caprolactam}$$

In einem 100-ml-Kolben werden 0,05 Mol Cyclohexanonoxim (Ü$_{28}$) mit 60 g Polyphosphorsäure gemischt. In einem bereits vorher auf 130 °C aufgeheizten Ölbad wird die Mischung 20 Minuten gerührt. Dann gießt man sie in etwa 200 g Eiswasser, wobei man mit einem Glasstab so lange rührt, bis sich die Säure gelöst hat.

Unter Außenkühlung des Gefäßes mit Eis wird mit 25%igem Ammoniak bis zur schwach alkalischen Reaktion neutralisiert und die Lösung mit dreimal 30 ml Chloroform extrahiert. Die vereinigten Extrakte werden mit Natriumsulfat getrocknet. Die Lösung wird filtriert und das Chloroform unter Verwendung eines Wasserbades im leichten Vakuum abdestilliert.

Der sirupöse Rückstand, der kein Chloroform mehr enthalten darf, wird mit wenig Cyclohexan (etwa 10 ml) zur Kristallisation gebracht. Das Lactam wird abgesaugt und an der Luft getrocknet.

Ausbeute: etwa 70%; $F.$: 67 bis 68 °C.

4.10.2.2. Tetrahydrocarbazol

$$\text{C}_6\text{H}_5\text{-NH-N=C}_6\text{H}_{10} \longrightarrow \text{Tetrahydrocarbazol} + NH_3$$

In einen ERLENMEYER-Kolben gibt man zu 0,025 Mol Cyclohexanonphenylhydrazon (Ü$_{40}$) 10 g Polyphosphorsäure und verrührt beide Stoffe mit Hilfe eines Thermometers unter gleichzeitiger Beobachtung der Temperatur.

Setzt die Reaktion ein — erkennbar durch plötzliche, starke Erwärmung — kühlt man den Kolben in einem vorher aufgeheizten, siedenden Wasserbad, so daß die Temperatur 190 °C nicht übersteigt.

Setzt die Reaktion nicht von selbst ein, so erwärmt man das Gemisch im Wasserbad. Nach dem Abklingen der Reaktion versetzt man die Mischung mit etwa 25 ml Wasser, saugt das abgeschiedene Tetrahydrocarbazol ab, wäscht mit Wasser und wenig kaltem Alkohol und kristallisiert aus Alkohol um.

Ausbeute: etwa 80%; $F.$: 119 °C.

4.10.3. Kontrollfragen

1. Formulieren Sie den HOFMANNschen Abbau der Säureamide!

2. Beurteilen Sie die Wanderungstendenzen des Methyl- und Phenylrestes sowie unterschiedlich monosubstituierter Phenylreste bei Sextettumlagerungen!

4.11. Polymerisation

4.11.1. Theoretische Grundlagen

Durch eine *Polymerisation* werden monomere Verbindungen, die reaktionsfähige Doppelbindungen enthalten, entweder spontan oder unter dem Einfluß von Initiatoren oder Katalysatoren in Polymere übergeführt.

4.11. Polymerisation

Den ersten Schritt stellt die Aktivierung der Doppelbindung dar, die durch Initiatoren bzw. Aktivatoren bzw. Katalysatoren ausgelöst wird. Dadurch entsteht ein sehr reaktionsfähiges Gebilde, welches in der Lage ist, weitere Moleküle zu aktivieren. Diese aktivierten Moleküle lagern sich in der Wachstumsreaktion zusammen, wobei Molekulargewichte des 10^5- bis 10^7fachen des Ausgangsmoleküls auftreten können. Die gebildeten Ketten können geradlinig oder verzweigt wachsen.

Der Abbruch der Reaktion erfolgt durch Anlagerung von Fremdatomen oder Molekülen, durch Disproportionierung oder Kombination der aktivierten Makrogebilde.

Je nach der Art des Reaktionsmechanismus unterteilt man die Polymerisationen in *radikalische, kationische* und *anionische Polymerisationen*.

Die *radikalische Polymerisation* wird durch solche Stoffe initiiert, die wegen ihrer geringen Dissoziationsenergie leicht Radikale bilden (z. B. Benzoylperoxid, Diacetylperoxid).

$$R'-O-O-R' \longrightarrow 2\ R'-\bar{O}\cdot$$

In der Startreaktion lagert sich das gebildete Radikal an die Doppelbindung an, und es bildet sich ein neues Radikal:

$$R'-\bar{O}\cdot + H_2C=CH-R \longrightarrow R'-O-CH_2-\overset{\cdot}{C}H-R$$

Dieses Radikal kann mit weiteren Olefinmolekülen reagieren.

$$R'-O-CH_2-\underset{R}{\overset{H}{C}}\cdot + CH_2=CH-R \longrightarrow R'-O-CH_2-\underset{R}{\overset{H}{C}}-CH_2-\underset{R}{\overset{H}{C}}\cdot \longrightarrow usw.$$

Durch diese Wachstumsreaktion bilden sich Makroradikale. Der Kettenabbruch kann dadurch erfolgen, daß die Makroradikale disproportionieren

$$2\ R'-O-\left[CH_2-\underset{R}{\overset{H}{C}}\right]_n-CH_2-\underset{R}{\overset{H}{C}}\cdot \longrightarrow R'-O-\left[CH_2-\underset{R}{\overset{H}{C}}\right]_n-CH=C\underset{R}{\overset{H}{\diagup}} + R'-O-\left[CH_2-\underset{R}{\overset{H}{C}}\right]_n-\underset{H\ R}{\overset{H\ H}{C-C}}-H$$

oder kombinieren

$$2\ R'-O-\left[CH_2-\underset{R}{\overset{H}{C}}\right]_n-CH_2-\underset{R}{\overset{H}{C}}\cdot \longrightarrow R'-O-\left[CH_2-\underset{R}{\overset{H}{C}}\right]_n-\underset{H\ R\ R\ H}{\overset{H\ H\ H\ H}{C-C-C-C}}-\left[\underset{R}{\overset{H}{C}}-CH_2\right]_n-O-R'.$$

oder durch Fremdradikale, die aus dem Lösungsmittel oder dem zugesetzten Initiator stammen, abgesättigt werden.

Die radikalische Polymerisation läßt sich durch *Inhibitoren* (Radikalfänger, z. B. Hydrochinon) verhindern oder verlangsamen. Derartige Stoffe dienen als *Stabilisatoren* für die monomeren Verbindungen.

Die *kationische Polymerisation* wird durch Säuren bzw. LEWIS-Säuren (z. B. BF_3, $AlCl_3$) in Gegenwart von Wasser katalysiert und kann durch Inhibitoren nicht gehemmt werden.

Die Startreaktion gehorcht der MARKOWNIKOW-Regel und führt zur Ionenbildung.

$$CH_2=C{<}^{CH_3}_{CH_3} + HX + BF_3 \longrightarrow \left[CH_3-\overset{\oplus}{C}{<}^{CH_3}_{CH_3}\right] BF_3X^{\ominus}.$$

Das elektrophile Carboniumion addiert sich an ein weiteres Olefinmolekül und löst damit die Wachstumsreaktion aus.

$$CH_3-\overset{\oplus}{C}{<}^{CH_3}_{CH_3} + CH_2=C{<}^{CH_3}_{CH_3} \longrightarrow CH_3-\underset{CH_3}{\overset{CH_3}{\underset{|}{\overset{|}{C}}}}-CH_2-\overset{\oplus}{C}{<}^{CH_3}_{CH_3} \longrightarrow usw.$$

Der Kettenabbruch erfolgt entweder durch Anlagerung eines Anions $X^{\ominus}$ oder durch Abspaltung eines Protons, wobei 1- und 2-Olefine nebeneinander entstehen. Die Endgruppen der möglichen Polymeren haben dann die folgende Struktur:

$$-\underset{CH_3}{\overset{CH_3}{\underset{|}{\overset{|}{C}}}}-X \quad bzw. \quad -CH_2-C{<}^{CH_2}_{CH_3} \quad bzw. \quad -CH=C{<}^{CH_3}_{CH_3}.$$

Die *anionische Polymerisation* wird durch starke Basen (z. B. Metallalkyle, -amide, Alkoholate) katalysiert und kann durch Inhibitoren ebenfalls nicht gehemmt werden. In der Startreaktion lagert sich das Anion an das Olefinmolekül an, und es bildet sich ein Carbanion.

$$R'-\underline{\overset{\ominus}{O}}|\ Na^{\oplus} + H_2C=C{<}^{H}_{R} \longrightarrow R'-O-CH_2-\overset{\ominus}{\underset{\_}{C}}{<}^{H}_{R} + Na^{\oplus}.$$

Dieses nucleophile Reagens setzt sich in der Wachstumsreaktion mit einem weiteren Olefinmolekül um.

$$R'-O-CH_2-\overset{\ominus}{\underset{\_}{C}}{<}^{H}_{R} + CH_2=C{<}^{CH_3}_{CH_3} \longrightarrow R'-O-CH_2-\overset{R}{\underset{|}{CH}}-CH_2-\overset{\ominus}{\underset{\_}{C}}{<}^{H}_{R} \longrightarrow usw.$$

Der Kettenabbruch erfolgt durch Anlagerung von Kationen. Die Polymerisation ist eine Hauptreaktion der Olefine und ihrer Derivate. Sie bildet die Grundlage der Erzeugung von Plasten (Kunststoffen), Elasten (synthetischer Kautschuk) und synthetischen Fasern. Wichtige Produkte sind z. B. Polyvinylchlorid, Polyäthylen, Polybutadien, Polyacrylnitril und Polyvinylacetat.

4.11.2. Arbeitsvorschriften

Ü$_{35}$ 4.11.2.1. Polystyrol

$$n\ \text{C}_6\text{H}_5-CH=CH-COOH \xrightarrow{-n CO_2} n\ \text{C}_6\text{H}_5-CH=CH_2 \longrightarrow \left[-CH(\text{C}_6\text{H}_5)-CH_2-\right]_n$$

In einen 50-ml-Kolben gibt man 0,03 Mol Zimtsäure, die mit einer Spatelspitze Hydrochinon vermischt wird. Der Kolben wird mit einem einfachen Destillationsaufsatz

4.11. Polymerisation

versehen, an den sich sofort ein Vorstoß mit einem Kolben für das aufzufangende Destillat anschließt.

Auf einem Drahtnetz erhitzt man die Mischung schnell. Das für die Destillation eingesetzte Thermometer soll 100 bis 120 °C anzeigen. Es bildet sich eine dunkelbraune Schmelze, aus welcher das durch Decarboxylierung der Zimtsäure entstehende Styrol abdestilliert. Nach etwa einer Stunde ist die Reaktion beendet. Das entstandene Styrol liegt als gelbliches Öl vor. Die Ausbeute beträgt etwa 65%.

Das erhaltene Styrol wird auf vier Halbmikroreagenzgläser verteilt. In das erste Halbmikroreagenzglas gibt man eine Spatelspitze Benzoylperoxid ($Ü_{12}$), in das zweite eine Spatelspitze Cyclohexanonperoxidpaste, die vorher auf einer Tonplatte abgepreßt wurde, in das dritte eine Spatelspitze Zinkchlorid und in das vierte eine Spatelspitze Hydrochinon.

Alle Reagenzgläser werden in einem siedenden Wasserbad (Becherglas mit Einsatz für Reagenzgläser) 1 bis 1,5 Stunden erhitzt.

Das mit Benzoylperoxid bzw. Cyclohexanonperoxid versetzte Styrol bildet eine durchsichtige, farblose, hornartige Masse. Bei dem Zusatz von Zinkchlorid tritt eine Braunfärbung des Reaktionsproduktes auf. Das mit Hydrochinon versetzte Styrol darf sich nicht verändern.

4.11.2.2. Polyacrylnitril

$Ü_{36}$

$$n \ H_2C=CH-CN \longrightarrow \left[-CH_2-\underset{CN}{CH}- \right]_n$$

30 ml handelsübliches Acrylnitril (Vorsicht! Siehe Kapitel 3.2.) wird über eine Kolonne destilliert. $Kp.$: 78—79 °C.

Das destillierte Acrylnitril wird wie das Styrol in $Ü_{35}$ der Polymerisation unterworfen.

4.11.3. Kontrollfragen

1. Erklären Sie an einem selbstgewählten Beispiel den Ablauf der radikalischen und der ionischen Polymerisation!
2. Welche Aufgabe haben organische Peroxide bei Polymerisationsprozessen?
3. Erklären Sie, wie aus einheimischen Rohstoffen PVC dargestellt wird!
4. Warum wird handelsübliches Acrylnitril in $Ü_{36}$ vor der Polymerisation destilliert?

4.12. Hydrierung

4.12.1. Theoretische Grundlagen

Eine Vielzahl organischer Verbindungen, die Kohlenstoffmehrfachbindungen oder funktionelle Gruppen (z. B. Carbonyl-, Nitro-, Nitroso-, Nitril-, Azomethingruppe) besitzen, lassen sich bei unterschiedlichen Reaktionsbedingungen unter Verwendung von Katalysatoren mit molekularem Wasserstoff hydrieren.

Die *katalytische Hydrierung* spielt neben anderen Hydrierungsmethoden in der Technik eine große Rolle.

Der Mechanismus der Hydrierung ist noch nicht vollständig geklärt; verschiedenen Untersuchungen zufolge kann sowohl ein radikalischer als auch ein ionischer Reaktionsmechanismus angenommen werden. Hydrierungen verlaufen in der Regel exotherm. Als Katalysatoren kommen neben den teuren Edelmetallkatalysatoren, wie Platin und Palladium, auch Eisen, Kupfer, Nickel und andere Metalle und einige Metalloxide bzw. -sulfide zur Anwendung.

Die Wahl des Katalysators hängt von der Art der zu hydrierenden Substanz und den Reaktionsbedingungen ab. Einige Katalysatoren ermöglichen ein *selektives* Arbeiten.

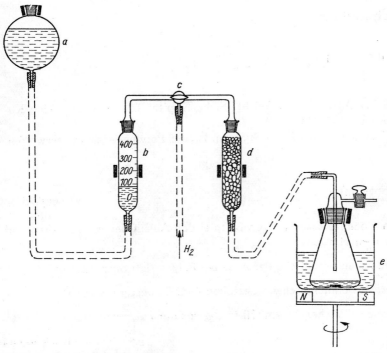

Bild 33 Hydrierungsapparatur

4.12. Hydrierung

Während feste Substanzen in geeigneten Lösungsmitteln, wie z. B. Wasser, Alkoholen, Estern, Säuren und Äthern, hydriert werden, können flüssige Stoffe auch ohne Lösungsmittel eingesetzt werden. Für Hydrierungen unter Normaldruck und bei Raumtemperatur verwendet man die in Bild 33 gezeigte *Hydrierungsapparatur* (a = Niveaugefäß, b = Gasometer, c = Dreiwegehahn, d = Trockenrohr mit $CaCl_2$, e = Hydriergefäß, z. B. ERLENMEYER-Kolben mit ebenem Boden, mit Außenkühlung und Magnetrührer).

Hydrierungen unter Druck und bei erhöhten Temperaturen werden dagegen in einem *Autoklaven* unter Beachtung spezieller Sicherheitsvorschriften durchgeführt.

4.12.2. Arbeitsvorschriften

4.12.2.1. RANEY-Nickel-Katalysator

Ü₃₇

RANEY-Nickel ist eine Legierung, die neben Aluminium zu 30 bis 50% Nickel enthält und aus der zur Darstellung des RANEY-Nickel-Katalysators das Aluminium mit Natronlauge herausgelöst wird. Man kühlt 15 ml 20%ige Natronlauge im Eisbad auf $+10\,°C$ und trägt unter Rühren im Verlaufe von etwa zwei Stunden 3 g Nickellegierung in kleinen Portionen ein.

Die Temperatur darf nicht über $25\,°C$ ansteigen!

Nach dem Eintragen der Legierung bringt man das Reaktionsgefäß in ein Wasserbad und läßt es dort bei einer Temperatur von 90 bis $100\,°C$ bis zum Nachlassen der Wasserstoffentwicklung.

Das Volumen wird durch Wasserzugabe konstant gehalten. Man dekantiert und gibt unter Rühren 5 ml 20%iges NaOH zu. Nach dem Absetzen des Katalysators dekantiert man und wäscht mit Wasser bis zur neutralen Reaktion.

Anschließend wäscht man fünfmal mit wenig Äthanol.

Der Katalysator bleibt in Äthanol unter Wasserstoffatmosphäre im Kühlschrank über Wochen aktiv.

Achtung! Raney-Nickel entzündet sich von selbst an der Luft!

Der Katalysator muß unter dem zur Verwendung kommenden Lösungsmittel aufbewahrt werden. Rückstände dürfen nicht in Abfallbehälter gegeben werden, sondern sind durch Verbrennen zu vernichten!

4.12.2.2. Anilin

Ü₃₈

$$C_6H_5\text{-}NO_2 + 3H_2 \xrightarrow{(Ni)} C_6H_5\text{-}NH_2 + 2H_2O$$

Die katalytische Hydrierung wird bei Raumtemperatur unter Normaldruck in einer Bild 33 entsprechenden Apparatur unter Außenkühlung durchgeführt.

0,01 Mol der zu hydrierenden Nitroverbindung werden im Hydriergefäß mit dem unter Ü$_{37}$ hergestellten Katalysator und 50 ml Äthanol als Lösungsmittel versetzt.
Man spült die Apparatur bis zur negativen Knallgasprobe mit Wasserstoff aus der Bombe, verschließt das Hydriergefäß und setzt den Magnetrührer in Gang.
Der Wasserstoffverbrauch wird in Abhängigkeit von der Zeit (15-Minuten-Intervalle) graphisch ausgewertet.
Die Hydrierung ist beendet, wenn die theoretisch errechnete Wasserstoffmenge aufgenommen wurde.
Man filtriert vom Katalysator ab, destilliert das Lösungsmittel ab und weist das gebildete Amin als Acylierungsprodukt nach (siehe Kapitel 6., Anleitung für Identifizierungen).

4.12.3. Kontrollfragen

1. Welche Produkte erhält man bei der Hydrierung folgender funktioneller Gruppen: Carbonyl-, Nitro-, Nitroso-, Nitril-, Azomethin-Gruppe?

2. Welche Reaktionsprodukte entstehen bei der Hydrierung von Nitroverbindungen in Eisessig?

3. Welche Faktoren sind bei der Auswertung einer quantitativen Hydrierung zu berücksichtigen?

Ü$_{39}$– 4.13. Oxydation und Dehydrierung
Ü$_{42}$

4.13.1. Theoretische Grundlagen

Oxydation bedeutet Entzug von Elektronen, z. B.:

$$Fe^{2\oplus} \longrightarrow Fe^{3\oplus} + e^{-}$$

Verbindungen werden daher um so leichter oxydiert, je höher ihre Tendenz zur Elektronenabgabe ist. Dabei ergeben sich folgende Reihenfolgen:

$$R-H < R-OH < R-NH_2$$
$$-CH_3 < {>}CH_2 < {\geqslant}CH$$
$$\mathord{>}C-C\mathord{<} < -C\equiv C- < \mathord{>}C=C\mathord{<}$$

Als Oxydationsmittel dienen Stoffe hoher Elektronenaffinität, z. B. Sauerstoff, Wasserstoffperoxid, Salpetersäure, Schwefel, Selendioxid, Halogene und Metallverbindungen höherer Wertigkeitsstufen (Eisen(III)-verbindungen, Mangandioxid, Kaliumpermanganat, Chromsäure, Chromsäureanhydrid, Bleidioxid, Bleitetraacetat).

4.13. Oxydation und Dehydrierung

Die Oxydation organischer Verbindungen geht im allgemeinen mit einer Abgabe von Wasserstoff („Dehydrierung") oder mit einer Aufnahme von Wasserstoff einher und ist meist an ein verfügbares Wasserstoffatom gebunden.
Folgende Übersicht gibt die Oxydation am primären, sekundären und tertiären C-Atom an:

$$R-CH_3 \longrightarrow R-CH_2OH \longrightarrow R-C\overset{O}{\underset{H}{\diagdown}} \longrightarrow R-C\overset{O}{\underset{OH}{\diagdown}},$$

$$\underset{R'}{\overset{R}{\diagdown}}CH_2 \longrightarrow \underset{R'}{\overset{R}{\diagdown}}CH-OH \longrightarrow \underset{R'}{\overset{R}{\diagdown}}C=O,$$

$$R-\underset{R''}{\overset{R'}{\underset{|}{C}}}-H \longrightarrow R-\underset{R''}{\overset{R'}{\underset{|}{C}}}-OH.$$

Die weitere Oxydation der angegebenen Endstufen ist nur unter Abbau des Moleküls möglich.

4.13.1.1. Oxydation von Kohlenwasserstoffen

Unverzweigte gesättigte Kohlenwasserstoffe lassen sich nur sehr schwierig oxydieren; jedoch wird die Oxydierbarkeit einer Alkylgruppe wesentlich erleichtert, wenn sie an einen aromatischen Kern gebunden ist.
Die Oxydation von Alkylaromaten verläuft normalerweise bis zur Endstufe, da die entstehenden Alkohole bzw. Aldehyde leichter oxydierbar sind als die Alkylgruppen. Nur unter bestimmten Bedingungen (z. B. Einsatz von SeO_2 als selektives Oxydationsmittel, Abfangen der Aldehydstufe als Diacetat) lassen sich Aldehyde und unter bestimmten Bedingungen auch Alkohole darstellen.
In $Ü_{39}$ wird die Oxydation eines Alkylaromaten zur aromatischen Carbonsäure durchgeführt.

4.13.1.2. Oxydation von Alkoholen und Aldehyden

Die Oxydationsprodukte von Alkoholen und Aldehyden sind in Kapitel 4.13.1. angegeben.
Da primäre und sekundäre Alkohole leichter zu oxydieren sind als die entsprechenden Kohlenwasserstoffe, gelingt die Reaktion hier bereits unter milderen Bedingungen als in Kapitel 4.13.1.1.
Die Aldehydgruppe ist leichter oxydierbar als die primäre bzw. sekundäre Hydroxylgruppe, z. B.:

$$\begin{array}{c} CHO \\ |-OH \\ HO-| \\ |-OH \\ |-OH \\ CH_2OH \end{array} + J_2 + 2OH^\ominus \longrightarrow \begin{array}{c} COOH \\ |-OH \\ HO-| \\ |-OH \\ |-OH \\ CH_2OH \end{array} + 2J^\ominus + H_2O.$$

Deshalb muß bei der Darstellung von Aldehyden durch Oxydation primärer Alkohole der entstehende Aldehyd vor der Weiteroxydation zur Carbonsäure geschützt werden. Man kann ihn z. B. laufend destillativ aus dem Reaktionsgemisch entfernen, was wegen des niedrigeren Siedepunktes des Aldehyds gegenüber dem des Alkohols oft möglich ist.
In $Ü_{40}$ wird die Oxydation eines sekundären Alkohols zum Keton durchgeführt.

4.13.1.3. Oxydation von Aromaten zu Chinonen

Durch Oxydation von Aromaten können unter gewissen Bedingungen Chinone erhalten werden. Die Bildung von Chinonen ist dann begünstigt, wenn die C—C-Doppelbindung des chinoiden Systems Bestandteil eines ankondensierten Aromaten ist. Deshalb steigt die Leichtigkeit der Chinonbildung aus den Aromaten in folgender Reihenfolge an:

p-Benzochinon   Naphthochinon   Anthrachinon

Als Oxydationsmittel dienen Chromsäure, Wasserstoffperoxid oder Luftsauerstoff in Gegenwart von V_2O_5.
In $Ü_{41}$ wird die Oxydation von Anthracen zu Anthrachinon durchgeführt.

4.13.1.4. Dehydrierung

Der Entzug von Wasserstoff (Dehydrierung) kann prinzipiell nach zwei Methoden erfolgen.
Bei der *katalytischen Dehydrierung* (Katalysatoren: z. B. Nickel, Platin, Palladium)

$$R-CH_2-CH_2-R' \rightleftharpoons R-CH=CH-R' + H_2$$

wird das Gleichgewicht mit steigender Temperatur nach rechts verschoben.
Bei der *oxydativen Dehydrierung* werden geeignete Oxydationsmittel (z. B. Schwefel, Selen, Chinone, Nitrobenzol) eingesetzt, die im Verlauf der Reaktion selbst reduziert werden.
Die Leichtigkeit der Dehydrierung von Kohlenwasserstoffen steigt in der Reihenfolge:

Alkane < Alkene < Cycloalkane < Cycloalkene.

In $Ü_{42}$ wird die oxydative Dehydrierung eines Tetrahydroaromaten durchgeführt.

4.13. Oxydation und Dehydrierung

4.13.2. Arbeitsvorschriften

4.13.2.1. Aromatische Carbonsäuren

Ein Methylaromat ist nach der folgenden Arbeitsvorschrift zu oxydieren.
An Hand des Schmelzpunktes der entstandenen Säure wird der eingesetzte Methylaromat bestimmt.

Man erhitzt eine Mischung von 3 g Kaliumpermanganat, 1 g Soda, 75 ml Wasser und 1 g eines Methylaromaten zwei Stunden unter Rückfluß (Siedesteine!).
Zur Beseitigung restlichen Permanganats versetzt man tropfenweise mit Alkohol und erhitzt noch kurze Zeit. Die heiße Lösung wird vom Braunstein abgesaugt und mit halbkonzentrierter Schwefelsäure angesäuert. Nach dem Abkühlen saugt man die ausgefallene Säure ab und kristallisiert aus Wasser oder Alkohol um.

Tabelle 5: Schmelzpunkte aromatischer Carbonsäuren

Säure	$F.$ [°C]
Benzoesäure	122
o-Chlorbenzoesäure	141–142
o-Nitrobenzoesäure	147,5
α-Naphthoesäure	160–161
β-Naphthoesäure	184
Phthalsäure	191
p-Chlorbenzoesäure	242–243
p-Brombenzoesäure	251–253
Terephthalsäure	300

4.13.2.2. Cyclohexanon-phenylhydrazon

$$3 \, C_6H_{11}OH + Cr_2O_7^{2\ominus} + 8H^{\oplus} \longrightarrow 3 \, C_6H_{10}O + 2Cr^{3\oplus} + 7H_2O \,,$$

$$C_6H_{10}O + C_6H_5-NH-NH_2 \longrightarrow C_6H_{10}=N-NH-C_6H_5 + H_2O$$

Man bereitet sich die Oxydationslösung aus 0,02 Mol Natrium- oder Kaliumbichromat, 5 ml konz. Schwefelsäure und 30 ml Wasser unter gelindem Erwärmen.
In einem 250-ml-Rundkolben löst man 0,06 Mol Cyclohexanol (falls erforderlich, unter heißem Wasser auftauen) in 30 ml Äther. Im Verlaufe von 10 Minuten gibt man die kalte Oxydationslösung portionsweise zum Cyclohexanol. Zwischen den einzelnen Zugaben schüttelt man mit aufgesetztem Rückflußkühler. Die Temperatur soll 25 °C betragen; beginnt der Äther zu sieden, kühlt man von außen mit kaltem Wasser. Das Schütteln wird weitere 20 Minuten fortgesetzt.

Anschließend gießt man die Reaktionsmischung in einen Scheidetrichter und trennt die wäßrige Phase ab. Die Ätherphase läßt man in den gereinigten Rundkolben ab und entfernt den Äther durch vorsichtiges Anlegen von Vakuum und gelinde Erwärmung im Wasserbad.

Das Reaktionsprodukt wird in 15 ml 20%igem Äthanol gelöst und zu einer Lösung aus 0,05 Mol Phenylhydrazin in 30 ml 50%iger Essigsäure in einem 100-ml-Becherglas gegeben.

Nach 10 Minuten wird der entstandene Niederschlag abgesaugt und aus 60%igem Äthanol umkristallisiert.

Nach dem Trocknen im Vakuumexsikkator wird der Schmelzpunkt bestimmt und die Ausbeute ermittelt.

Ausbeute: 50% d. Th.; $F.$: 81 °C.

Das Präparat wird für $Ü_{34}$ benötigt.

$Ü_{41}$ 4.13.2.3. Anthrachinon

$$\text{Anthracen} + 2CrO_3 + 8H^\oplus \longrightarrow \text{Anthrachinon} + 2Cr^{3\oplus} + 4H_2O$$

Man löst 0,005 Mol techn. Anthracen in 50 ml siedendem Eisessig und filtriert die Lösung in einen Rundkolben. Zu der heißen Lösung gibt man vorsichtig 0,025 Mol Chromsäureanhydrid, gelöst in 10 ml 60%iger Essigsäure. Nach zweistündigem Rückflußkochen läßt man abkühlen, versetzt allmählich mit der gleichen Menge Wasser, saugt das Chinon ab und wäscht zweimal mit Wasser.

Ausbeute: 80% d. Th.; $F.$: 285 °C.

$Ü_{42}$ 4.13.2.4. Carbazol

$$\text{Tetrahydrocarbazol} + 2S \longrightarrow \text{Carbazol} + 2H_2S$$

Die Dehydrierung ist unter dem Abzug durchzuführen!

0,02 Mol Tetrahydrocarbazol ($Ü_{34}$) wird mit der berechneten Menge Schwefel vermischt und in einem großen, schräg eingespannten Reagenzglas unter Verwendung eines Heizbades erhitzt. Die Temperatur wird allmählich auf 250 °C gesteigert und bis zum Abklingen der Reaktion (Probe mit Bleiacetatpapier) dort gehalten.

Entstehendes Carbazol sublimiert aus dem Reaktionsgemisch und setzt sich am ungeheizten Teil des Reagenzglases an. Nach dem Abkühlen wird das Sublimationsprodukt gesammelt und, falls erforderlich, erneut sublimiert.

Ausbeute 40% d. Th.; $F.$: 245 °C.

4.13. Oxydation und Dehydrierung

4.13.3. Kontrollfragen

1. o-Nitroäthylbenzol läßt sich mittels Permanganat in der Seitenkette ohne C—C Spaltung oxydieren. Welches Produkt entsteht dabei?

2. An welchem Kohlenstoff wird Cumol oxydiert?

3. Warum färben sich Phenol und Anilin im Gegensatz zu Benzol an der Luft dunkel?

4. Woraus entsteht Terephthalsäure, und wozu wird sie verwendet?

5. Begründen Sie die Entfärbung der Permanganatlösung nach Zugabe von Alkohol in $Ü_{39}$.

6. Warum wird Benzylalkohol nicht durch direkte Oxydation des Toluols dargestellt? Wie wird er gewonnen?

7. Warum ist die in Kapitel 4.13.1.2 erwähnte Aldehyd-Darstellung aus primären Alkoholen nicht auf Kohlenwasserstoffe auszudehnen?

8. Warum liegen die Siedepunkte der Alkohole im allgemeinen höher als die der entsprechenden Aldehyde?

9. Warum reduziert Traubenzucker FEHLINGsche Lösung, Rohrzucker aber nicht?

10. Warum ist Ameisensäure im Gegensatz zu anderen Carbonsäuren oxydierbar? Formulieren Sie die Reaktionsgleichung!

11. p-Benzochinon kann zu Hydrochinon reduziert werden. Formulieren Sie die entsprechende Reaktion für das Dehydrierungsmittel Chloranil!

12. Formulieren Sie die Reaktionsgleichung für die katalytische Dehydrierung von n-Heptan zu Toluol!

13. Woraus wird Styrol hergestellt, wozu wird es verwendet?

Ü₄₃ 5.   **Anleitung zum Literaturstudium**

In einer fortgeschrittenen Phase des organisch-chemischen Praktikums werden dem Studenten nicht mehr — wie z. B. in Ü₁₁ bis Ü₄₂ — die Arbeitsvorschriften zur Verfügung gestellt, sondern es wird ihm nur der rationelle Name und die Menge der darzustellenden Substanz genannt.
Der Student hat dann die Aufgabe, in der Literatur selbständig geeignete Arbeitsvorschriften zu finden, wobei er besonders zu beachten hat, daß die benötigten Ausgangsprodukte handelsüblich sind, daß die entsprechenden apparativen Voraussetzungen in dem ihm zur Verfügung stehenden Laboratorium gegeben sind und daß im allgemeinen die Vorschrift mit der niedrigsten Zahl von Zwischenprodukten die ökonomischste ist.
Der Student fertigt eine Übersicht der von ihm vorgeschlagenen Darstellungswege an, und gemeinsam mit dem Praktikumsbetreuer wird schließlich die beste Variante ausgewählt.

5.1.   Lehrbücher

Die Kenntnis des Inhalts einer organisch-chemischen Grundvorlesung sowie die Absolvierung eines organisch-chemischen Praktikums entsprechend Kapitel 4. sind selbstverständliche Voraussetzung für die Anfertigung von Literaturpräparaten.
Darüber hinaus ist es notwendig und zweckmäßig, sich vor Beginn des Literaturstudiums in Lehrbüchern darüber zu informieren, nach welchen allgemeinen Methoden das Grundgerüst der darzustellenden Substanz synthetisiert werden kann.

5.2. Präparative Handbücher und Methodensammlungen

Obwohl eine systematische und vollständige Literaturrecherche nur unter Benutzung der Referatenorgane (siehe Kapitel 5.3.) sowie der Originalliteratur (siehe Kapitel 5.4.) möglich ist, erscheint es ökonomisch und oft sehr zeitsparend, vorher in den folgenden präparativen Handbüchern und Methodensammlungen nachzuschlagen, die eine große Anzahl überprüfter und meist reproduzierbarer Darstellungsvorschriften für organische Substanzen enthalten:

WEYGAND-HILGETAG, Organisch-chemische Experimentierkunst, Johann Ambrosius Barth, Leipzig;

HOUBEN-WEYL, Methoden der organischen Chemie, Thieme Verlag, Stuttgart. Dieses Werk erscheint in 16 meist mehrteiligen Bänden und ist eine Fundgrube für den experimentell arbeitenden Organiker.

W. FOERST, Neuere Methoden der präparativen organischen Chemie, Verlag Chemie, Weinheim/Bergstr.; bisher sind fünf Bände erschienen, in denen jeweils mehrere Monographien über bestimmte Substanzklassen und Arbeitsmethoden mit ausführlichen Arbeitsvorschriften enthalten sind.

R. ADAMS, Organic Reactions. Es liegen 17 Bände vor, die kapitelweise bestimmte Arbeitsmethoden und die entsprechenden präparativen Vorschriften enthalten.

Unter verschiedenen Herausgebern erschienen die Organic Syntheses in bisher 47 Bänden (Bände 1—39 nach Überarbeitung zusammengefaßt in den Collective Volumes I bis IV), die ebenfalls eine sehr große Anzahl von Arbeitsvorschriften enthalten.

Die von der Akademie der Wissenschaften der UdSSR herausgegebene Reihe Синтезы органических соединении besteht bis jetzt aus drei Bänden, von denen die ersten beiden auch in deutscher Übersetzung vorliegen.

Da die genannten Handbücher und Vorschriftensammlungen im allgemeinen Formelregister, alphabetische Register der Substanznamen und Methodenregister enthalten, ist ihr Studium unter dem Aspekt der Auffindung einer geeigneten Darstellungsvorschrift für eine organische Substanz nicht sehr zeitaufwendig und sollte deshalb vor dem systematischen Literaturstudium (Kapitel 5.3. und 5.4.) durchgeführt werden.

5.3. Referatenorgane

In den *Referatenorganen* werden alle Arbeiten aus der chemischen Originalliteratur (siehe Kapitel 5.4.) kurz referiert, meist allerdings mit einem mehr oder weniger großen Zeitverzug bezüglich des Erscheinens der Originalarbeit.

Die organisch-chemische Literatur bis 1949 wird in BEILSTEINS Handbuch der organischen Chemie umfassend referiert. Dieses mehrbändige Sammelwerk besteht aus *Hauptwerk* (die Literatur bis 1909 erfassend), *1. Ergänzungswerk* (die Literatur von 1910 bis 1919 erfassend), *2. Ergänzungswerk* (die Literatur von 1920 bis 1929 erfassend) und dem bis jetzt erst in sechs Bänden vorliegenden *3. Ergänzungswerk*, das die Literatur von 1930 bis 1949 erfaßt.

Für alle Bände gibt es ein General-Formel- und ein General-Sachregister. Außerdem enthält jeder Band ein eigenes Register.

Obwohl das dem Handbuch zugrunde liegende System im ersten Band des Hauptwerkes (S. 1—46 und XXXI—XXXV) beschrieben wird, soll hier kurz auf das Wesentlichste eingegangen werden:

Die organischen Verbindungen sind nach ihrem Kohlenstoffskelett und den vorhandenen funktionellen Gruppen eingeteilt.

Nach dem Kohlenstoffskelett unterscheidet man drei große Abteilungen:

a) Verbindungen, die nur Kohlenstoffketten enthalten (acyclische oder aliphatische Verbindungen), Bände I—IV.

b) Verbindungen, die Kohlenstoffringe enthalten (isocyclische Verbindungen), Bände V—XVI.

c) Heterocyclische Verbindungen, Bände XVII—XXVII.

Jede Abteilung wird nach „funktionellen" Gruppen in 28 Hauptklassen unterteilt. Die dem BEILSTEIN zugrunde liegenden „funktionellen" Gruppen sind, teilweise zugunsten der Systematik, hypothetischer Natur und sollen hier nicht weiter erläutert werden.

Bisher sind ein Formelregister zum Hauptwerk und ein erstes Ergänzungswerk erschienen, aufbauend auf dem *System von* M. M. RICHTER, nach dem die Summenformeln in verschiedene Gruppen (Gruppe I: Kohlenstoff und ein weiteres Element, z. B. Kohlenwasserstoffe; Gruppe II: Kohlenstoff und zwei weitere Elemente, z. B. Amine) aufgeteilt sind und die Elemente in der Reihenfolge C, H, O, N, Halogene, S, P erscheinen.

Im neuen Register, das auch das zweite Ergänzungswerk umfaßt, sind die einzelnen Verbindungen nach steigender C-Atomzahl, steigender H-Atomzahl und in alphabetischer Reihenfolge der übrigen Elemente angeordnet (*System von* HILL).

Folgende Anordnung wird bei der Beschreibung einer Verbindung zugrunde gelegt: Struktur, Konfiguration, Geschichtliches, Vorkommen, Darstellung, Eigenschaften (Farbe, Kristallform, physikalische Konstanten), chemische Eigenschaften, physiologische Wirkung, Verwendung, analytische Angaben, Additionsverbindungen und Salze.

5.3. Referatenorgane

Der das Literaturstudium durchführende Student muß sich darüber im Klaren sein, daß ihn die Benutzung sowohl des BEILSTEINS als auch der im folgenden beschriebenen Referatenorgane in keinem Falle von einem ausführlichen Studium der dort angegebenen Quellen, d. h. der Originalliteratur (siehe Kapitel 5.4.) entbindet.

Das älteste Referatenorgan ist das *Chemische Zentralblatt* (Abkürzung C.), das 1830 unter dem Namen „Pharmaceutisches Centralblatt" gegründet wurde. Es erscheint wöchentlich und gliedert seine Referate, die aus über 3000 Zeitschriften stammen, gewöhnlich in einen theoretischen und einen Versuchsteil.

Die Übersichtlichkeit wird durch Verwendung von Abkürzungen und Fettdruck erhöht. Seit 1961 beginnen die Referate mit dem Titel, dann folgen Name des Autors, Quellenangabe, Arbeitsort und Sprache des Originals. Bei älteren Referaten ist die Reihenfolge: Autor (halbfett gedruckt), Titel (kursiv gedruckt), Referat und zum Schluß Quellenangabe und Arbeitsort.

Seit 1964 stehen vor den Referaten kursiv gedruckte Nummern, die von da ab im Register zusammen mit der Heftnummer zu finden sind.

Die im Chemischen Zentralblatt enthaltenen Referate sind in jährlichen Sach-, Formel-, Autoren- und Patent-Registern ausgewertet.

Außer den einzelnen Jahresregistern gibt es für die Jahre 1930 bis 1934 und 1935 bis 1939 Generalregister.

Da im Sachregister nicht alle Verbindungen vollständig erfaßt sind, sucht man eine exakt definierte Substanz immer im Formelregister, das bis 1955 nach dem System von RICHTER und danach nach dem System von HILL aufgebaut ist.

Ein weiteres bedeutendes Referatenorgan sind die 1907 gegründeten *Chemical Abstracts* (Abkürzung C. A.), die das englischsprachige Analogon zum „Chemischen Zentralblatt" darstellen. Sie erscheinen zweimal monatlich. Auch hier gibt es Sach-, Formel-, Autoren- und Patentregister.

Vorteilhaft aufgebaut ist das Sachregister, da es alle Verbindungen unter dem Stichwort der Grundsubstanz registriert. Das erleichtert das Aufsuchen ähnlicher Verbindungen (z. B. Cyclohexanonoxim und 2-Chlorcyclohexanonoxim). Besonders vorteilhaft sind das 25-Jahresregister (1921 bis 1946) und das 10-Jahresregister (1947 bis 1956).

Seit 1953 gibt die Akademie der Wissenschaften der UdSSR das Реферативный Журнал, Химия heraus.

Es erfaßt außer Originalzeitschriften auch Bücher sowie Dissertationen und Zeitungsartikel; die Referate werden nicht nach Seitenzahlen, sondern nach Referatennummern registriert, und Strukturformeln werden meist durch Summenformeln ersetzt. Sach- und Formelregister erscheinen jährlich.

5.4. Originalliteratur

Alle in der referierenden Literatur erscheinenden Zitate haben ihren Ursprung in der Originalliteratur. Man mache es sich unbedingt zur Gewohnheit, die Originalzeitschriften einzusehen; denn jedes Referat hat nur die Aufgabe, dem Benutzer eine Übersicht zu geben.

Die wichtigsten Zeitschriften sind anschließend aufgeführt und in der Klammer ist die Abkürzung angegeben, die nach *Periodica Chimica* (von M. PFLÜCKE und A. HAWALEK) international verbindlich ist, wenn auch in verschiedenen Zeitschriften noch andere Abkürzungen verwendet werden.

Angewandte Chemie	(Angew. Chem.)
Archiv der Pharmazie	(Arch. Pharmaz.)
Bulletin de la Société Chimique de France	(Bull. Soc. chim. France)
Chemische Berichte	(Chem. Ber.)
früher: Berichte der Deutschen Chemischen Gesellschaft	(Ber. dtsch. chem. Ges.)
Collection of Czechoslovak Chemical Communications	(Collect. czechoslov. chem. Commun.)
Helvetica chimica Acta	(Helv. chim. Acta)
Журнал общей химий	(Ž. obšč. Chim.)
Журнал органических химий	(Ž. org. Chim.)
Journal of the American Chemical Society	(J. Amer. chem. Soc.)
Journal of the Chemical Society (London)	(J. chem. Soc. [London])
Journal of Heterocyclic Chemistry	(J. heterocyclic Chem.)
Journal of Organic Chemistry	(J. org. Chemistry)
Journal für praktische Chemie	(J. prakt. Chem.)
Liebigs Annalen der Chemie	(Liebigs Ann. Chem.)
Tetrahedron	(Tetrahedron [London])
Tetrahedron Letters	(Tetrahedron Letters [London])
Zeitschrift für Chemie	(Z. Chem.)

Für das Protokoll des Literaturpräparats verwendet der Praktikant die wörtliche Fassung der Originalarbeit bzw. deren exakte Übersetzung.

Zusammenfassende Übersichten werden von ihm in einem klaren, sachlichen und wissenschaftlich exakten Stil und in aller Kürze formuliert.

Originalarbeiten werden nach dem folgenden Schema (Namen der Autoren, Zeitschriftentitel, Band, Jahrgang, Seite) zitiert, z. B.:

N. I. Aboskalova, A. S. Poljanskaja, V. V. Perekalin, N. K. Golubkova und T. Ja. Paperno, Ž. org. Chim. *2* (1966), 2132 bis 2137.

P. Friedländer, Ber. dtsch. chem. Ges. *15* (1882), 2572.

6. Identifizierungen

U_{44}–
U_{59}

Die Identifizierung einer unbekannten organischen Substanz setzt beim Praktikanten voraus, daß er einen Überblick über die chemischen und physikalischen Eigenschaften der wichtigsten Stoffklassen der organischen Chemie besitzt.
Er muß ferner über bestimmte experimentelle Fertigkeiten verfügen und in der Lage sein, genau zu beobachten und Schlußfolgerungen daraus zu ziehen. Der Student wird dadurch befähigt, sein bisher angeeignetes theoretisches und praktisches Können zu überprüfen und, wenn notwendig, zu ergänzen.
Ohne ein Minimum an theoretischen Kenntnissen (Stoff der Grundvorlesung Organische Chemie) sowie an experimentellem Geschick sind diese Arbeiten also nicht durchführbar.
Wenn der Student beginnt, organische Substanzen zu identifizieren, wird er zweckmäßigerweise Verbindungen untersuchen, deren Zugehörigkeit zu einer bestimmten Stoffklasse bekannt ist. Nachdem Vorproben durchgeführt und die physikalischen Konstanten ermittelt worden sind, besteht das Ziel der Arbeit darin, von der Analysesubstanz feste Derivate von höchster Reinheit (Schmelzpunkt) herzustellen.
Bei weiteren Analysen werden die Stoffklassen, der die Substanzen angehören, unbekannt sein. Mit Hilfe wichtiger Charakterisierungsreaktionen ist jede Verbindung zunächst in eine der möglichen Stoffklassen einzuordnen. Danach erfolgt dann Identifizierung durch Herstellung fester Derivate und Bestimmung des Schmelzpunktes.
Gegen Ende dieses Teils der Ausbildung erhält der Student Substanzgemische, deren Komponenten er identifizieren muß.
Er hat zunächst die Aufgabe, die Substanzgemische auf physikalischem (z. B. Destillation) oder auf chemischem Wege (z. B. Verbindungsbildung verbunden mit Extraktion) zu trennen und nach der Trennung exakt zu identifizieren.
Bei der Durchführung von Identifizierungen organischer Substanzen wird man nach kurzer Übung feststellen, daß fast alle Reaktionen ohne Zuhilfenahme einer Waage durchzuführen sind. Trotzdem muß man sich bemühen, besonders bei der Herstellung fester Derivate, mit etwa äquivalenten Mengen zu arbeiten. Das setzt voraus, daß

man sich darüber Klarheit verschafft, welche Substanzmengen etwa mit einer Spatelspitze oder mit zehn Tropfen aus einer Pipette erfaßt werden.

Wenn man sich bei der Herstellung eines Derivats anfänglich erfolglos bemüht, eine kristalline Fällung zu erhalten, führe man den Versuch ein zweites Mal durch, jedoch mit veränderten Konzentrationsverhältnissen.

Es ist gleichfalls empfehlenswert, mit einem bekannten Vertreter einer Substanzklasse übungsweise ein Derivat herzustellen, um eventuell auftretende Schwierigkeiten dabei kennenzulernen.

Um die Identifizierungen erfolgreich durchzuführen, benötigt man etwa das Platzinventar für das präparative Arbeiten im Halbmikromaßstab, d. h. eine komplette Destillationsapparatur (NS 14.5), Kolben mit Rückflußkühler, Saugflasche (bzw. Saugreagenzglas) und einen kleinen BÜCHNER-Trichter ($\varnothing$ 1 bis 1,5 cm).

Sehr viele Reaktionen werden im Reagenzglas auszuführen sein.

Für Extraktionen wird möglichst kein Scheidetrichter verwendet. Man arbeitet mit einem Reagenzglas und einer Pipette schneller und sauberer.

Bevor man kristalline Fällungen sauber auf einem kleinen BÜCHNER-Trichter absaugt und trocknet, presse man eine Spatelspitze davon auf eine Tonplatte und wasche mit 1 bis 2 Tropfen Lösungsmittel nach. Die Schmelzpunktsbestimmung kann so schon nach wenigen Minuten erfolgen, während sie sonst nach Trocknen der Substanz im Exsikkator u. U. erst nach Stunden möglich wäre.

Für ein Identifizierungspraktikum mit 16 je vierstündigen Einzelpraktika wird die folgende Versuchsaufteilung vorgeschlagen:

$Ü_{44}$ bis $Ü_{48}$:

Der Student erhält aus den Stoffklassen:

Alkohole und Phenole ($Ü_{44}$),

Aldehyde und Ketone ($Ü_{45}$),

Carbonsäuren und Derivate ($Ü_{46}$),

Amine und Nitroverbindungen ($Ü_{47}$),

Kohlenwasserstoffe und Halogenkohlenwasserstoffe ($Ü_{48}$),

je eine reine Substanz zur Charakterisierung und Identifizierung.

$Ü_{49}$ bis $Ü_{50}$: Es sind zwei weitere Substanzen, von denen nur bekannt ist, daß sie zu einer der unter $Ü_{44}$ bis $Ü_{48}$ behandelten Stoffklassen gehören, zu identifizieren.

$Ü_{51}$ bis $Ü_{54}$: Es ist ein Gemisch aus *zwei* Komponenten zu trennen; die Bestandteile sind zu identifizieren.

$Ü_{55}$ bis $Ü_{59}$: Es ist ein Gemisch aus *drei* Komponenten zu trennen; die Bestandteile sind zu identifizieren.

Da es — in Abhängigkeit von der zur Verfügung stehenden Praktikumszeit — auch zahlreiche andere Varianten zur Zusammenstellung eines Identifizierungspraktikums gibt, wird das Kapitel 6. ohne Unterteilung in einzelne Übungen behandelt.

6.1. Identifizierung von reinen Substanzen

Zur Identifizierung einer Substanz, deren Zugehörigkeit zu einer der in Kapitel 6. unter $Ü_{44}$ bis $Ü_{48}$ genannten fünf Stoffklassen nicht bekannt ist, müssen zunächst *Vorproben* (siehe Kapitel 6.1.1.) und *einfache Charakterisierungsreaktionen* (siehe Kapitel 6.1.2.) durchgeführt werden.

6.1.1. Vorproben

Farbe, Geruch und *physikalische Konstanten* der zu untersuchenden Verbindung können zu wichtigen Anhaltspunkten werden, wenn der Praktikant schon über eine gewisse Stoffkenntnis verfügt.
Die Bestimmung des *Schmelzpunktes* erfolgt in einer THIELE-Apparatur bzw. auf dem Mikroheiztisch „BOËTIUS" (vgl. $Ü_3$).
Der *Siedepunkt* kann in einer in $Ü_6$ beschriebenen einfachen Destillationsapparatur bestimmt werden. Für kleine Substanzmengen ist die folgende Mikromethode vorzuziehen:

Fünf bis zehn Tropfen der zu untersuchenden Flüssigkeit werden in ein Reagenzglas (5 × 75 mm) gegeben. In die Flüssigkeit wird eine Kapillare getaucht, die in einem Abstand von 4 bis 5 mm vom unteren offenen Ende zugeschmolzen ist.
Das Reagenzglas wird mit einem Gummiring am Thermometer befestigt. Man erhitzt in einem Heizbad (Siliconöl, Glycerin). Zunächst entweichen aus der Kapillare einzelne Gasbläschen. Wenn sich ein kontinuierlicher Blasenstrom eingestellt hat, entfernt man die Flamme und läßt das Bad unter Rühren abkühlen.

Die Temperatur, bei der die letzte Blase entweicht und die Flüssigkeit in die Kapillare steigt, ist die gesuchte Siedetemperatur.
Mit der Substanz werden dann die folgenden Vorproben durchgeführt.

6.1.1.1. Brennprobe

Auf einem Metallöffel werden einige Kristalle bzw. Tropfen der zu untersuchenden Substanz in der Flamme des Bunsenbrenners verbrannt.

Aus den Verbrennungserscheinungen lassen sich Rückschlüsse auf den ungefähren Kohlenstoffgehalt der Substanz ziehen. *Ungesättigte Verbindungen* (*Aromaten*) verbrennen mit stark leuchtender Flamme unter Rußabscheidung. *Aliphatische Kohlenwasserstoffe* zeigen eine hell leuchtende Flamme und geringe Rußbildung. Bei *Alkoholen*, also sauerstoffreichen Substanzen, erkennt man eine fahl leuchtende Flamme. Ein Glührückstand auf dem Spatel läßt die Anwesenheit von *Metallen* vermuten. *Schwefelhaltige Substanzen* kann man am Geruch von Schwefeldioxid erkennen.

6.1.1.2. Beilstein-Probe

Ein ausgeglühter Kupferdraht, der aus mehreren zusammengedrehten einzelnen Drähten besteht, wird in die unbekannte Probe getaucht und dann in der nicht leuchtenden Flamme des Bunsenbrenners kräftig erhitzt.

Grüne Flammenfärbung weist auf *Halogen* hin.

6.1.1.3. Lassaigne-Probe

(Vorsicht! Abzug, Schutzbrille!)

Da Polyhalogenverbindungen, z. B. Tetrachlorkohlenstoff oder Chloroform, und einige Nitroverbindungen, z. B. Nitromethan, beim Erhitzen mit Natrium explosionsartig reagieren, muß vom Praktikumsbetreuer die Erlaubnis für die Durchführung dieser Nachweisreaktion eingeholt werden.

Ein erbsengroßes, oxidfreies Stückchen Natrium wird in einem Glühröhrchen mit einer Spatelspitze bzw. 10 Tropfen der Substanz geschmolzen und etwa drei Minuten auf Rotglut erhitzt. Das heiße Röhrchen wird in ein Becherglas mit 10 ml Wasser getaucht.
Das Glührohr zerspringt, und der Inhalt löst sich zum Teil im Wasser. Die Lösung wird filtriert und für drei Nachweise verwendet:
3 ml werden bis zur sauren Reaktion mit Essigsäure versetzt (Indikator!).

Tritt mit Bleiacetatpapier Schwarzfärbung (Bleisulfid) ein, so enthält die Substanz *Schwefel*.

3 ml der Aufschlußlösung werden mit einigen Körnchen Eisen(II)-sulfat versetzt und nach Zugabe einiger Tropfen Eisen(III)-chloridlösung mit Salzsäure angesäuert.

Bei Anwesenheit von *Stickstoff* fällt Berliner Blau aus.

3 ml des Aufschlusses werden nach dem Ansäuern mit konz. Salpetersäure mit einigen Tropfen Silbernitratlösung versetzt.

Die charakteristische Fällung von Silberhalogenid zeigt *Halogen* an. Ist in der Substanz Stickstoff enthalten, so muß die im sauren Aufschluß vorhandene Blausäure vor der Zugabe von Silbernitrat verkocht werden **(Vorsicht! Abzug!)**.

6.1.1.4. Reaktion mit Schwefelsäure

Man schüttelt 2 ml kalte Schwefelsäure mit 1 ml der Analysensubstanz in einem Reagenzglas kräftig durch.

Dabei bleiben *gesättigte* und *aromatische Kohlenwasserstoffe* sowie deren *Nitro-* und *Halogenderivate* ungelöst, während sich *ungesättigte Kohlenwasserstoffe, Alkohole, Äther* und *Ester* meist ohne Verfärbung, dagegen *aliphatische* und *aliphatisch-aromatische Carbonylverbindungen* unter Dunkelfärbung lösen.

6.1. Identifizierung von reinen Substanzen

6.1.1.5. Baeyer-Probe

Man versetzt 0,1 bis 0,2 g der zu bestimmenden Substanz, in 2 ml Wasser, Äthanol oder Aceton gelöst, tropfenweise unter kräftigem Schütteln mit einer 1- bis 3%igen wäßrigen Kaliumpermanganat-Lösung.

Bei *ungesättigten Kohlenwasserstoffen, Aldehyden, Ameisensäure, mehrwertigen Phenolen* und *Aminophenolen* verschwindet in der Regel die violette Farbe des Kaliumpermanganats, und es bildet sich Braunstein. Der Test ist positiv, wenn mehr als zehn Tropfen in kurzer Zeit entfärbt werden.

6.1.1.6. Reaktion mit Brom

Man tropft unter guter Kühlung eine 4%ige Lösung von Brom in Tetrachlorkohlenstoff zu einer Lösung von 0,1 bis 0,2 g der zu untersuchenden Substanz in 2 ml Tetrachlorkohlenstoff.

Die braune Farbe des Broms verschwindet bei *ungesättigten Verbindungen* (Addition). Tritt neben der Entfärbung HBr-Entwicklung (Gasbläschen) auf, so ist eine Substitution durch Brom eingetreten. Unter diesen Bedingungen werden u. a. *Phenole, aromatische Amine* und *enolisierbare Carbonylverbindungen* durch Brom substituiert.

6.1.1.7. Bestimmung der Löslichkeit

0,1 g bzw. 0,2 ml der Verbindung werden in einem Reagenzglas portionsweise mit 3 ml Lösungsmittel versetzt und nach jeder Zugabe kräftig geschüttelt. Gegebenenfalls muß zur besseren Lösung etwas erwärmt werden.

Da in solchen Fällen, besonders beim Erhitzen mit Säuren oder Laugen, die Gefahr einer hydrolytischen Zersetzung nicht ausgeschlossen ist, muß zur Kontrolle die Substanz möglichst wieder isoliert und durch Schmelz- oder Siedepunkt identifiziert werden.

Die Löslichkeit wird in Wasser, Äther, 5%iger Natronlauge, 5%iger Natriumhydrogencarbonat-Lösung und 5%iger Salzsäure bestimmt.

Nach ihrer Löslichkeit in Wasser und Äther kann man die **organischen Substanzen** in folgende vier Gruppen einteilen:

Gruppe I (in Äther löslich, in Wasser schwer- bzw. unlöslich)

Kohlenwasserstoffe, halogensubstituierte Kohlenwasserstoffe, höhermolekulare Alkohole, Carbonylverbindungen, Amine und Carbonsäuren bzw. Derivate, Phenole, Ester, Äther.

Gruppe II (in Wasser löslich, in Äther schwer- bzw. unlöslich)

Polyole, Säureamide, Salze, Hydroxycarbonsäuren, Di- und Tricarbonsäuren.

Gruppe III (in Wasser und Äther löslich)

Niedermolekulare Carbonylverbindungen, aliphatische Hydroxyverbindungen und aliphatische Nitrile, Carbonsäuren, Hydroxysäuren, Ketosäuren, mehrwertige Phenole, Amine, Pyridin.

Gruppe IV (in Wasser und Äther schwer- bzw. unlöslich)

Makromolekulare Verbindungen, hochkondensierte Kohlenwasserstoffe, höhere Säureamide, Anthrachinone.

Verbindungen wie *Säureanhydride und Säurehalogenide*, die nach mehr oder weniger anhaltender Einwirkung von Wasser zersetzt werden, finden sich in Form ihrer Hydrolyseprodukte in einer der vier Gruppen.

Außer allen wasserlöslichen Verbindungen (Gruppe II und III) sind in verdünnter Salzsäure basische Substanzen wie *primäre, sekundäre* und *tertiäre aliphatische Amine, primäre aromatische Amine* und *Arylalkylamine*, die nicht mehr als eine Arylgruppe enthalten, löslich. Einige sauerstoffhaltige Verbindungen (z. B. *Diäthyläther, Butanol, niedermolekulare Ester*) sind in 5%iger Salzsäure unter Oxoniumsalzbildung löslich. In verdünnter Natriumhydrogencarbonat-Lösung sind alle stark sauren Substanzen wie *Carbonsäuren*, in verdünnter Natronlauge darüber hinaus noch *Phenole, einige Enole, Imide, primäre* und *sekundäre Nitroverbindungen* sowie *Arylsulfonsäurederivate* von primären Aminen löslich.

6.1.2. Charakterisierung der Substanzen

Nach der Durchführung der Vorproben ist der Student meist in der Lage, Vermutungen darüber anzustellen, welcher Verbindungsklasse die zu identifizierende Substanz angehören könnte.

Mit dem Ziel der exakteren Zuordnung zu einer bestimmten Verbindungsklasse wird nun die entsprechende Charakterisierungsreaktion durchgeführt; falls die Vorproben keine Hinweise gegeben haben, sind *alle Charakterisierungsreaktionen (6.1.2.1. bis 6.1.2.12.) in der angegebenen Reihenfolge durchzuführen*.

6.1.2.1. Säureanhydride und -halogenide

Man setzt drei Tropfen der unbekannten Substanz mit fünf Tropfen Anilin um. Ist die unbekannte Substanz fest, löst man 0,1 g davon in 1 ml heißem Benzol und setzt der klaren Lösung Anilin zu. Setzt Erwärmung ein, so wird abgekühlt und angerieben, falls nicht spontane Kristallisation eintritt.

Säureanhydride und -halogenide reagieren mit Anilin unter Wärmeentwicklung. Es wird ein festes Anilid gebildet.

6.1.2.2. Säuren

0,1 g oder vier Tropfen der Substanz werden in 2 ml Wasser oder in wäßrigem Alkohol gelöst. Die Lösung reagiert gegen Lackmus sauer, auch dann noch, wenn ein Tropfen 10%ige Sodalösung zugesetzt worden ist.

Die Reaktion wird auch von Anhydriden, Säurehalogeniden und von einigen Estern gegeben.

6.1.2.3. Amine

a) Wasserlösliche Amine erkennt man an der basischen Reaktion der wäßrigen Lösung (vier Tropfen der Substanz in 2 ml Wasser gelöst) gegen Lackmus. Die basische Reaktion bleibt auch dann noch bestehen, wenn ein Tropfen Eisessig zugesetzt wird.

b) Wasserunlösliche Amine mit sechs bis zehn Kohlenstoffatomen können an ihrer Löslichkeit in 5%iger wäßriger Salzsäure erkannt werden (vier Tropfen oder 0,1 g Substanz in 2 ml Salzsäure).

c) Wasserunlösliche Amine mit mehr als zehn Kohlenstoffatomen werden mit 5%iger wäßriger Salzsäure geschüttelt (0,1 g in 2 ml Salzsäure) und filtriert. Zum klaren Filtrat gibt man das gleiche Volumen 10%ige Sodalösung. Die Entstehung eines Niederschlages oder eine starke Trübung zeigt Amin an.

Wenn ein Amin vorliegt, muß man sich darüber Klarheit verschaffen, ob es sich um ein primäres bzw. sekundäres Amin oder um ein tertiäres Amin handelt. Nur primäre und sekundäre Amine sind acylierbar und dadurch zu identifizieren. Zur Unterscheidung der tertiären Amine von primären und sekundären kann die Umsetzung mit Acetylchlorid herangezogen werden.
Fügt man zu 0,5 ml primärem oder sekundärem Amin tropfenweise mittels einer Pipette Acetylchlorid, setzt eine heftige Reaktion ein. Bei der Einwirkung von Acetylchlorid auf ein tertiäres Amin tritt dagegen kaum eine merkliche Erwärmung ein. Feste Amine sind vor dem Test in wenig Benzol zu lösen.

6.1.2.4. Phenole, Enole

Man löst einen Tropfen oder 0,02 g der zu untersuchenden Substanz in 1 ml Äthanol, versetzt mit 1 ml Wasser und fügt anschließend einen Tropfen 5%ige Eisen(III)-chloridlösung zu. Phenol oder Enol wird durch eine grüne, violette oder rote Farbe angezeigt.
Da Eisen(III)-chlorid gelb ist, muß eine gelbe oder braune Farbe als negativ gelten. Bei Thymol, Hydrochinon, 4-Hydroxy-diphenyl, o-Nitrophenol und Pikrinsäure versagt der Test. Einige Amine und Natriumacetat geben rötliche Färbungen.

6.1.2.5. Alkohole

0,5 ml der unbekannten Substanz werden in ein trockenes Reagenzglas gegeben. Gleichzeitig mißt man die Temperatur.
Unter Rühren mit dem Thermometer versetzt man dann mit zwei Tropfen Acetylchlorid. Tritt heftige Reaktion ein (Erwärmung), dann liegt ein primärer oder sekundärer Alkohol vor. Bleibt eine Reaktion aus, setzt man weitere fünf Tropfen Acetylchlorid zu. Man rührt mit dem Thermometer und achtet auf die Temperatur. Eine Temperaturerhöhung von mehr als 10 °C deutet auf einen tertiären Alkohol hin.

Ist die unbekannte Substanz fest, löst man davon 0,5 g in 1 ml warmem Benzol, kühlt auf etwa 20 °C ab, stellt die Temperatur fest und setzt unter Rühren sieben Tropfen Acetylchlorid zu. Eine Temperaturerhöhung von mehr als 5 °C gilt als positiver Nachweis für einen Alkohol.
Wasser, Phenole und Amine geben den Test ebenfalls.

6.1.2.6. Aldehyde

1 ml SCHIFFsches Reagens werden mit einem Tropfen der zu untersuchenden Substanz versetzt. Aldehyde geben sofort eine intensiv violette Färbung.
Wasserunlösliche Verbindungen (zwei Tropfen oder 0,05 g) werden in 1 ml Äthanol gelöst und mit 1 ml SCHIFFsches Reagens versetzt. Der Test ist negativ, wenn die Violettfärbung nicht nach 15 Sekunden eintritt. Nach längerer Zeit bewirkt auch Luftsauerstoff eine violette Färbung.

6.1.2.7. Ester

Man versetzt in einem Reagenzglas 1 ml 1 n methanolische Kalilauge mit drei Tropfen wäßriger 40%iger Hydroxylaminhydrochloridlösung und dekantiert vom Niederschlag ab. Zur abdekantierten klaren Lösung werden zwei Tropfen oder 0,05 g der zu untersuchenden Substanz gegeben. Man hält die Lösung eine Minute auf Siedetemperatur, kühlt ab, versetzt mit einem Tropfen 5%iger Eisen(III)-chloridlösung und anschließend mit zehn Tropfen 2 n Salzsäure, um einen eventuellen Niederschlag zu lösen.
Eine rote oder purpurne Farbe gilt als positiver Test.

6.1.2.8. Ketone

Man versucht, ein Semicarbazon oder ein 2.4-Dinitrophenylhydrazon (siehe Kapitel 6.1.3.) darzustellen.

6.1.2.9. Nitrile und Amide

Beim Erhitzen mit wäßriger Kalilauge erfolgt Hydrolyse und Abspaltung von Ammoniak oder Amin.
Man löst fünf Plätzchen Kaliumhydroxid in fünf Tropfen Wasser, fügt 2 ml Diäthylenglykol und acht Tropfen oder 0,2 g der unbekannten Substanz hinzu. Es wird vorsichtig bis zum Sieden erhitzt und der Dampf von Zeit zu Zeit mit feuchtem, rotem Lackmuspapier geprüft. Entsteht Ammoniak oder ein aliphatisches Amin, wird das

6.1. Identifizierung von reinen Substanzen

Lackmuspapier gebläut. Spritzt Kaliumhydroxidlösung an das Papier, werden falsche Resultate erhalten.
Ist die zu untersuchende Substanz ein Salz eines aliphatischen Amins, so wird der Test ebenfalls gegeben.

6.1.2.10. Nitroverbindungen

Bei der Reduktion der Substanz in neutraler Lösung entsteht ein Hydroxylamin, das aus TOLLENS-Reagens metallisches Silber ausscheidet.
0,3 g der Substanz werden in 10 ml 50%igem Äthanol gelöst, 0,5 g Ammoniumchlorid und 0,5 g Zinkstaub zugesetzt. Die Mischung wird geschüttelt und zwei Minuten auf Siedetemperatur gehalten. Nach dem Abkühlen filtriert man und gibt TOLLENS-Reagens zu.
Die Ausscheidung von metallischem Silber (grauer, flockiger Niederschlag) beweist das Vorhandensein einer Nitro- oder Nitrosogruppe.

6.1.2.11. Halogenkohlenwasserstoffe

Ist die zu untersuchende Substanz in Wasser, konzentrierter Salzsäure und konzentrierter Schwefelsäure unlöslich und ist durch die Vorprobe eindeutig Halogen nachgewiesen worden, so liegt ein aromatischer oder gesättigt-aliphatischer Halogenkohlenwasserstoff vor.

6.1.2.12. Kohlenwasserstoffe

Ein Kohlenwasserstoff liegt meist dann vor, wenn die zu identifizierende Substanz keiner der Gruppen 6.1.2.1. bis 6.1.2.11. zugeordnet werden kann.

a) Gesättigte aliphatische Kohlenwasserstoffe sind in Wasser und in konzentrierter Schwefelsäure auch in der Hitze unlöslich.

b) Ungesättigte (olefinische Kohlenwasserstoffe) lösen sich in konz. Schwefelsäure und addieren Brom.

Zum Nachweis löst man die zu untersuchende Substanz in Tetrachlorkohlenstoff. Die erhaltene Lösung wird mit Brom, in Tetrachlorkohlenstoff gelöst, versetzt. Erfolgt schlagartige Entfärbung, ist die Anwesenheit einer Doppelbindung sehr wahrscheinlich. Bei langsamer Entfärbung oder Auftreten von Bromwasserstoffnebeln (Substitution) ist der Aussagewert der Probe gering.

c) Aromatische Kohlenwasserstoffe lösen sich in der Kälte nicht in konzentrierter Schwefelsäure, u. U. jedoch beim Erhitzen. Aromatische Kohlenwasserstoffe sind nitrierbar.

6.1.3. Darstellung von Derivaten

Nach der Durchführung der *Vorproben* und der *Charakterisierungsreaktionen* hat der Praktikant schließlich die Aufgabe, seine unbekannte Substanz durch Überführung in ein *festes, kristallisiertes Derivat* mit einem *scharfen, konstanten Schmelzpunkt* exakt zu identifizieren.

In den Tabellen 7 bis 20 (siehe Kapitel 6.2.4.) sind die Schmelzpunkte jeweils mehrerer Derivate zahlreicher Vertreter der wichtigsten Verbindungsklassen (Kapitel 6.1.3.1. bis 6.1.3.5.) übersichtlich zusammengestellt.

Von verschiedenen, in den Tabellen angegebenen Derivaten stelle man sich nach Möglichkeit das höchstschmelzende dar.

6.1.3.1. Hydroxyverbindungen

6.1.3.1.1. Alkohole

Benzoesäure-, p-Nitrobenzoesäure- oder 3.5-Dinitrobenzoesäureester

$$R-OH + Cl-CO-\phenyl-NO_2 \longrightarrow R-O-CO-\phenyl-NO_2 + HCl$$

Man versetzt 0,5 g (oder 20 Tropfen) des Alkohols oder Phenols in einem Reagenzglas mit 20 Tropfen Benzoylchlorid oder 0,5 g p-Nitro- bzw. 3.5-Dinitrobenzoylchlorid. Unter Schütteln wird die Lösung auf dem siedenden Wasserbad für drei bis fünf Minuten erhitzt, danach abgekühlt und mit 10 ml 5%iger Sodalösung durchgeschüttelt. Man filtriert den festen Rückstand ab und wäscht mit Wasser. Es wird aus Äthanol—Wasser umkristallisiert. Bei säureempfindlichen (tertiären) Alkoholen wird der Alkohol zunächst in 1 ml Pyridin gelöst und danach das Säurechlorid zugesetzt.

Phenyl- oder α-Naphthylurethane

$$R-OH + OC=N-R' \longrightarrow O=C\genfrac{}{}{0pt}{}{NH-R'}{O-R}$$

10 bis 15 Tropfen Isocyanat werden in 0,5 ml Chloroform, Tetrachlorkohlenstoff oder Ligroin mit 0,5 ml des vorher getrockneten Alkohols versetzt und einige Minuten gelinde erwärmt.

Fällt nach Beendigung der Reaktion das Urethan nicht kristallin aus, wird das Lösungsmittel vorsichtig verdampft. In besonderen Fällen kann auch ohne Lösungsmittel gearbeitet werden. Zur Reinigung kristallisiert man aus einem indifferenten Lösungsmittel um.

3-Nitrohydrogenphthalate

$$ROH + O\genfrac{}{}{0pt}{}{OC}{OC}\text{-phenyl-}NO_2 \longrightarrow \text{phenyl}\genfrac{}{}{0pt}{}{COOH}{COOR}\text{-}NO_2$$

6.1. Identifizierung von reinen Substanzen

In einem Reagenzglas erhitzt man vorsichtig ein Gemisch aus dem zu untersuchenden Alkohol (0,5 bis 1 ml) und 0,5 g 3-Nitrophthalsäureanhydrid bis zum Sieden. Bei niedrigsiedenden Alkoholen sind dabei Siedeverluste zu vermeiden. Nach fünf- bis zehnminütigem Erhitzen verdünnt man mit wenig Wasser und erhitzt erneut, um überschüssigen Alkohol zu entfernen. Man kristallisiert das erhaltene Produkt aus Wasser um, da dadurch das mit entstandene Isomere entfernt wird.

Gelegentlich wird das hergestellte 3-Nitrohydrogenphthalat nicht sofort kristallin erhalten. In diesem Falle muß man die Lösung längere Zeit stehenlassen.

6.1.3.1.2. Phenole

Benzoesäure-, *p-Nitrobenzoesäure-* und *3.5-Dinitrobenzoesäureester* werden analog Kapitel 6.1.3.1.1. dargestellt, gleichfalls *Phenyl-* und *α-Naphthylurethane*.

Bromderivate

$$R-C_6H_4-OH + nBr_2 \longrightarrow R-C_6H_{4-n}(Br)_n-OH + nHBr$$

Man löst eine geringe Menge des Phenols in Wasser oder Aceton und versetzt unter kräftigem Schütteln tropfenweise mit so viel Bromlösung (2 ml Brom, 5 g Kaliumbromid in 50 ml Wasser), bis die gelbe Farbe nicht mehr verschwindet. Der erhaltene Niederschlag wird abgesaugt und kräftig mit Wasser gewaschen. Man kristallisiert aus 96%igem oder 50%igem Äthanol um.

Phenoxyessigsäuren

$$C_6H_5-OH + Cl-CH_2-COOH \longrightarrow C_6H_5-O-CH_2-COOH + HCl$$

Zu einer Lösung von etwa 1 g Chloressigsäure und 0,6 g des Phenols in 2 ml Wasser gibt man 1,5 bis 2 g Natriumhydroxid, in 3 ml Wasser gelöst. Man verdünnt bei Bedarf mit mehr Wasser, um eine vollständige Lösung zu erreichen. Anschließend wird 30 bis 60 Minuten auf 80 bis 100 °C erhitzt. Man läßt danach abkühlen und neutralisiert mit verdünnter Salzsäure gegen Kongorot oder Methylorange und extrahiert die Phenoxyessigsäure mit Äther. Die Ätherschicht wird mit Wasser gewaschen und anschließend mit verdünnter Sodalösung durchgeschüttelt. Aus der entstandenen Lösung des Natriumsalzes wird die Säure durch Zugabe von Salzsäure freigesetzt. Man saugt ab und kristallisiert aus Wasser um.

Acetate

$$C_6H_4(OH)_2 + 2(CH_3CO)_2O \longrightarrow C_6H_4(OCOCH_3)_2 + 2CH_3COOH$$

Nur wenige acetylierte Phenole sind feste Substanzen, deren Darstellung von analytischem Interesse ist. Man erhitzt die zu untersuchende Substanz mit wenig mehr als der äquivalenten Menge Acetanhydrid und einer Spur eines Katalysators (Natriumacetat, Schwefelsäure, Zinkchlorid, Bortrifluoridätherat) bis zum Sieden (etwa fünf Minuten). Es kann auch mit einer Mischung aus Acetanhydrid-Pyridin gearbeitet werden. Nach Abkühlen gießt man die Reaktionslösung in wenig Wasser. Die erhaltenen Kristalle werden abgesaugt und aus wenig Alkohol umkristallisiert.

6.1.3.2. Aldehyde und Ketone

p-Nitrophenylhydrazone und 2.4-Dinitrophenylhydrazone

$$\begin{matrix}R\\R'\end{matrix}C=O + H_2N-NH-\langle\!\!\!\bigcirc\!\!\!\rangle-NO_2 \longrightarrow \begin{matrix}R\\R'\end{matrix}C=N-NH-\langle\!\!\!\bigcirc\!\!\!\rangle-NO_2 + H_2O$$

Ein Gramm oder 1 ml der Carbonylverbindung werden im Rundkolben mit 0,7 g des Hydrazins und 25 ml Äthanol bis zum Sieden erhitzt. Als Katalysator wird noch 1 ml konzentrierter Salzsäure durch den Rückflußkühler zugegeben.
Das Derivat soll nach 15 Minuten Sieden aus der kalten Lösung auskristallisieren. Es wird aus Äthanol umkristallisiert.

Semicarbazone

$$\begin{matrix}R\\R'\end{matrix}C=O + H_2N-NH-CO-NH_2 \longrightarrow \begin{matrix}R\\R'\end{matrix}C=N-NH-CO-NH_2 + H_2O$$

Es werden 0,5 g Semicarbazidhydrochlorid und 1 g Natriumacetat in 3 ml Wasser im Reagenzglas gelöst. Dazu fügt man 20 Tropfen oder 0,5 g Carbonylverbindung sowie eine genügende Menge Äthanol, um eine homogene Lösung herzustellen. Man erhitzt anschließend 10 Minuten auf dem siedenden Wasserbad, kühlt, filtriert den entstandenen Niederschlag ab und kristallisiert aus wäßrigem Äthanol um.

Oxime

$$\begin{matrix}R\\R'\end{matrix}C=O + H_2N-OH \longrightarrow \begin{matrix}R\\R'\end{matrix}C=N-OH + H_2O$$

Man versetzt eine Lösung von 0,5 g Hydroxylaminhydrochlorid und 0,5 g Natriumacetat in 3 bis 5 ml Wasser mit 0,5 ml oder 0,5 g der zu prüfenden Carbonylverbindung. Ist letztere wasserunlöslich, so wird eine geringe Menge Äthanol hinzugefügt. Dann erhitzt man 30 Minuten lang unter Rückfluß und läßt anschließend im Eisbad auskristallisieren. Mitunter ist längeres Stehen erforderlich.
Es ist auch möglich, gleiche Mengen Carbonylverbindung und Hydroxylaminhydrochlorid (etwa 0,5 g) mit 5 ml einer Mischung aus gleichen Teilen Pyridin und absolutem Alkohol ein bis zwei Stunden unter Rückfluß zu erhitzen. Danach vertreibt man die Lösungsmittel (**Abzug!**), verreibt den entstandenen Rückstand mit wenig eiskaltem Wasser und filtriert das Oxim von der Lösung des Pyridiniumchlorids ab. Das Oxim wird aus Äthanol umkristallisiert.

6.1. Identifizierung von reinen Substanzen

6.1.3.3. Carbonsäuren und Derivate

6.1.3.3.1. Carbonsäuren

Phenacyl- oder p-Bromphenacylester

$$R-COONa + BrH_2C-OC-C_6H_4-Br \longrightarrow Br-C_6H_4-CO-CH_2OCOR + NaBr$$

Man löst 1 g oder 1 ml der Säure in sehr wenig Alkohol (oder Wasser, bei wasserlöslichen Säuren) in einem Rundkolben. Dann versetzt man mit wenig Phenolphthalein und setzt anschließend so viel verd. Natronlauge zu, daß gerade eine schwache Rotfärbung auftritt. Dazu gibt man 1 g Phenacyl- oder p-Bromphenacylbromid und erhitzt bis zum Sieden. Durch den Rückflußkühler setzt man genügend Alkohol zu, um eine homogene Lösung zu erhalten. Nach einer Stunde verdünnt man mit 10 bis 15 ml Wasser, filtriert den Niederschlag ab, wäscht mit Wasser und kristallisiert aus Äthanol um. Bei mehrbasigen Säuren ist die Reaktionszeit auf zwei bis drei Stunden auszudehnen.

Säureamide und -anilide

$$R-COOH + PCl_5 \longrightarrow R-CO-Cl + POCl_3 + HCl ,$$
$$R-COOH + SOCl_2 \longrightarrow R-CO-Cl + SO_2 + HCl ,$$
$$R-CO-Cl + H_2N-R' \longrightarrow R-CO-HN-R' + HCl$$

a) Man erwärmt etwa 0,2 g bis 0,3 g der wasserfreien (!) Säure mit einem geringen Überschuß an Phosphorpentachlorid mehrere Minuten im heißen Wasserbad (**Abzug!**). Die abgekühlte Mischung wird in wenigen Millilitern Petroläther aufgenommen. Um die Phosphorhalogenide zu beseitigen, muß die organische Phase mit einigen Tropfen Wasser durchgeschüttelt werden.

Die erhaltene Lösung des Säurehalogenids wird sofort weiterverarbeitet. Zur Darstellung des Amids schüttelt man die Lösung mit etwa 6 ml kaltem konzentriertem Ammoniak durch. Die erhaltenen Kristalle werden abgesaugt und aus Äthanol umkristallisiert.

Zur Darstellung des Anilids versetzt man die Lösung des Säurechlorids in Petroläther unter Schütteln mit etwa 20 Tropfen Anilin. Anschließend schüttelt man mit wenigen Millilitern verd. Natronlauge. Das erhaltene Produkt wird filtriert und je einmal mit wenig verdünnter Salzsäure und verdünnter Bicarbonatlösung gewaschen. Man kristallisiert aus wenig Äthanol um.

b) 1 g der Säure werden mit 5 ml Thionylchlorid 15 Minuten unter Rückfluß erhitzt. Die abgekühlte Lösung wird vorsichtig in 15 ml eiskalten Ammoniak eingetropft. Man saugt das erhaltene Säureamid ab und kristallisiert aus Wasser oder Äthanol um.

c) Man erhitzt 1 g der Säure oder ihres Natriumsalzes mit 2 ml Thionylchlorid 30 Minuten lang unter Rückfluß (**Abzug!**). Danach wird gekühlt und eine Lösung von 1 bis 2 ml Anilin in 30 ml Benzol hinzugefügt. Man erwärmt einige Minuten. Die Benzollösung wird abgegossen und nacheinander mit wenig Wasser, 5%iger Salzsäure, 5%iger Sodalösung und zuletzt mit Wasser gewaschen. Man vertreibt das Benzol und kristallisiert aus Wasser oder Äthanol um.

6.1.3.3.2. Säureanhydride und -chloride

$$(RCO)_2O + H_2N\text{-}C_6H_5 \longrightarrow RCO\text{-}NH\text{-}C_6H_5 + RCOOH,$$

$$RCO\text{-}Cl + H_2N\text{-}C_6H_5 \longrightarrow RCO\text{-}NH\text{-}C_6H_5 + HCl$$

Man versetzt vorsichtig 20 Tropfen oder 0,5 g der zu untersuchenden Substanz mit 20 Tropfen Anilin und 5 ml 10%iger Natronlauge. Man rührt, erhitzt eine Minute im siedenden Wasserbad und kühlt ab. Das Anilid kritallisiert gut aus, wenn kein Überschuß an Amin eingesetzt wurde. Setzt keine Kristallisation ein, dann trennt man das Öl ab und wäscht es mit verdünnter Salzsäure aus. Das erhaltene Kristallisat ist aus Äthanol oder Äthanol-Wasser umzukristallisieren.

Aus Säureanhydriden und Säurehalogeniden lassen sich nach Überführen in die entsprechenden Säuren auch die Phenacyl- oder p-Bromphenacylester (siehe Kapitel 6.1.3.3.1.) darstellen.

6.1.3.3.3. Carbonsäureester

3.5-Dinitrobenzoesäureester der Alkoholkomponente

$$R'\text{-}O\text{-}CO\text{-}R + Cl\text{-}OC\text{-}C_6H_3(NO_2)_2 \longrightarrow R'\text{-}OOC\text{-}C_6H_3(NO_2)_2 + RCOCl$$

Man versetzt 1 ml oder 1 g des Esters in einem Rundkolben mit 1 g 3.5-Dinitrobenzoylchlorid und 1 ml konzentrierter Schwefelsäure. Es wird unter Rückfluß 20 Minuten auf dem Wasserbad erhitzt. Der Kolben wird dabei von Zeit zu Zeit geschüttelt, um eine gute Durchmischung zu erreichen. Falls nicht die gesamte Substanz in Lösung geht, ist das ohne negative Auswirkung. Nach Abkühlen setzt man 25 ml Wasser zu, überführt in einen Scheidetrichter und extrahiert mit 25 ml Äther. Die Ätherschicht wird abgetrennt und nacheinander mit Wasser, verdünnter Sodalösung und erneut mit Wasser gewaschen. Man engt die Ätherlösung ein und nimmt den Rückstand in 3 bis 5 ml Äthanol auf. Durch Eiskühlung bewirkt man die Kristallisation, u. U. durch Anreiben mit einem Glasstab.

6.1. Identifizierung von reinen Substanzen

N-Benzylamide der Säurekomponente

$$R-CO-O-R' + H_2N-CH_2-C_6H_5 \longrightarrow R-CO-NH-CH_2-C_6H_5 + R'-OH$$

Die Arbeitsvorschrift ist nur mit Methyl- oder Äthylestern durchführbar. Ester höherer Alkohole müssen vorher umgeestert werden. Dazu erhitzt man 1 g des Esters mit 5 ml absolutem Methanol unter Zusatz eines kleinen Stückchens Natrium 30 Minuten lang unter Rückfluß.

Eine Mischung aus 1 g Ester, 3 ml Benzylamin und 0,1 g Ammoniumchlorid wird eine Stunde unter Rückfluß erhitzt. Nach Kühlung wäscht man den Überschuß an Amin mit wenig Wasser, dem eine geringe Menge Salzsäure zugesetzt worden ist, aus (ein Überschuß an Salzsäure löst das Amid!). Nichtumgesetzter Ester wird gegebenenfalls durch Aufkochen mit wenig Wasser beseitigt. Das erhaltene feste Amid saugt man ab, wäscht mit wenig Ligroin und kristallisiert aus wäßrigem Äthanol um.

6.1.3.3.4. Säureamide, -imide und -nitrile

Phenacyl- und p-Bromphenacylester

$$RCO-NHR' + H_2O \longrightarrow RCOOH + H_2NR',$$

$$\underset{CO}{\overset{CO}{\bigcirc}}NH + 2H_2O \longrightarrow \underset{COOH}{\overset{COOH}{\bigcirc}} + NH_3,$$

$$RCN + 2H_2O \longrightarrow RCOOH + NH_3$$

Man versetzt 1 g oder 1 ml der zu untersuchenden Substanz mit überschüssiger 5 n Kalilauge und erhitzt unter Rückfluß. Nach 30 Minuten wird abgekühlt und gegen Phenolphthalein mit verdünnter Salzsäure möglichst genau neutralisiert. Aus der wäßrigen Lösung des Kaliumsalzes der Säure kann der Phenacyl- oder p-Bromphenacylester direkt hergestellt werden (siehe Kapitel 6.1.3.3.1.).

6.1.3.4. Amine und Nitroverbindungen

6.1.3.4.1. Primäre und sekundäre Amine

Acetamide (aus Aminen mit mehr als fünf Kohlenstoffatomen)

$$R-NH_2 + O(OC-CH_3)_2 \longrightarrow R-NH-CO-CH_3 + HOOC-CH_3$$

Man versetzt 20 Tropfen oder 0,5 g des Amins mit 20 Tropfen Essigsäureanhydrid in einem Reagenzglas und erhitzt auf dem Wasserbad (80 bis 90 °C) wenige Minuten. Nach Abkühlen gießt man in wenig Wasser. Das Derivat wird durch Anreiben zur Kristallisation gebracht. Man wäscht mit Wasser nach und kristallisiert aus Äthanol, Äthanol-Wasser oder aus Cyclohexan um.

Benzamide

$$2\,R-NH_2 + Cl-CO-C_6H_5 \longrightarrow R-NH-CO-C_6H_5 + \left[R-NH_3^{\oplus}\right]Cl^{\ominus}$$

Zu 0,5 g des Amins wird die gleiche Menge Benzoylchlorid oder 3.5-Dinitrobenzoylchlorid gegeben. Unter Schütteln erhitzt man auf dem siedenden Wasserbad wenige Minuten. Nach Abkühlung wird mit 8 bis 10 ml 5%iger Sodalösung durchgeschüttelt. Der feste Rückstand ist abzufiltrieren, mit Wasser zu waschen und aus Äthanol-Wasser umzukristallisieren.
Bei der Umsetzung kann auch mit einem Pyridinzusatz von 1 ml gearbeitet werden.

Benzolsulfonamide und p-Toluolsulfonamide

$$2\,R-NH_2 + Cl-SO_2-C_6H_5 \longrightarrow R-NH-SO_2-C_6H_5 + \left[R-NH_3^{\oplus}\right]Cl^{\ominus}$$

Man versetzt 0,15 g oder fünf bis zehn Tropfen des Amins bzw. des Aminsalzes und 15 bis 20 Tropfen Benzolsulfochlorid bzw. 0,3 bis 0,5 g p-Toluolsulfochlorid im Reagenzglas mit 5 ml 10%iger Natronlauge. Das Gemisch wird auf dem Wasserbad (75 bis 80 °C) 5 Minuten mit einem Glasstab gerührt. Die Sulfonamide sekundärer Amine fallen z. T. als Öl an. Man reibt bis zur Kristallisation, saugt ab und kristallisiert aus Äthanol um.
Bei primären Aminen wird das Reaktionsgemisch mit 1,5 ml konzentrierter Salzsäure versetzt, und so lange gerieben, bis Kristallisation eintritt. Man filtriert und kristallisiert aus Äthanol um.

Pikrate

$$R-NH-R' + \underset{NO_2}{\underset{|}{O_2N-C_6H_2(OH)-NO_2}} \longrightarrow R-NH(R')\cdots O_2N-C_6H_2(OH)-NO_2$$

Zu 10 ml einer siedenden gesättigten alkoholischen Pikrinsäurelösung werden zehn Tropfen Amin gegeben. Nach Abkühlung fällt das Pikrat aus und kann aus Äthanol umkristallisiert werden.

Phenylthioharnstoffe

$$R-NH_2 + S=C=N-C_6H_5 \longrightarrow R-NH-\underset{S}{\overset{\parallel}{C}}-NH-C_6H_5$$

Man löst gleiche Mengen Phenylisothiocyanat und Amin in wenig Äthanol. Falls die Reaktion nicht sofort einsetzt (Erwärmung), wird wenige Minuten über einer kleinen Flamme erhitzt. Nach erfolgter Umsetzung läßt man im Eisbad abkühlen. Fällt das Reaktionsprodukt nicht kristallin an, vertreibt man den Alkohol auf dem Wasserbad. (Aliphatische Amine reagieren langsamer und kristallisieren schlechter als aromatische.) Man kristallisiert aus Äthanol oder Äthanol-Wasser um.

6.1. Identifizierung von reinen Substanzen

6.1.3.4.2. Tertiäre Amine

Pikrate (siehe unter 6.1.3.4.1.)

Methojodide

$$R-N{\overset{R}{\underset{R}{}}} + CH_3J \longrightarrow \left[R-\overset{R}{\underset{R}{N^{\oplus}}}-CH_3\right] J^{\ominus}$$

Man erwärmt ein Gemisch gleicher Teile Amin und Methyljodid über einer kleinen Flamme. Danach kühlt man im Eisbad. Das kristalline Produkt wird aus absolutem Äthanol oder Methanol umkristallisiert.

Methotosylate

$$R-N{\overset{R}{\underset{R}{}}} + CH_3OSO_2-\underset{}{\bigcirc}-CH_3 \longrightarrow \left[R-\overset{R}{\underset{R}{N^{\oplus}}}-CH_3\right] \quad CH_3-\underset{}{\bigcirc}-SO_2O^{\ominus}$$

Das Amin wird mit reichlich der doppelten Menge p-Toluolsulfonsäuremethylester in wenig trockenem Benzol etwa 15 bis 20 Minuten zum Sieden erhitzt. Die erhaltenen Kristalle werden abgesaugt, in so wenig wie möglich heißem Äthanol gelöst und mit Essigsäureäthylester ausgefällt. Zur vollständigen Auskristallisation wird die Lösung in einem Eisbad gekühlt und der Schmelzpunkt möglichst sofort bestimmt.

6.1.3.4.3. Nitroverbindungen

Weiternitrierung aromatischer Nitroverbindungen

$$\underset{}{\bigcirc}^{R}_{NO_2} + HNO_3 \longrightarrow \underset{NO_2}{\bigcirc}^{R}_{NO_2} + H_2O$$

Vorsicht! Schutzbrille! Abzug!

Zur Nitrierung versetzt man 1 ml oder 1 g der Nitroverbindung in etwa 4 ml konzentrierter Schwefelsäure tropfenweise mit 4 ml rauchender Salpetersäure (D = 1,52) unter dauerndem Schütteln. Nachdem die Hauptreaktion abgeklungen ist, erwärmt man etwa 10 Minuten auf dem siedenden Wasserbad. Die abgekühlte Reaktionsmischung wird auf etwas Eis gegossen, das erhaltene Produkt abfiltriert und aus wenig Äthanol oder Äthanol-Wasser umkristallisiert.

Sind außer der Nitrogruppe im Ring noch reaktionserleichternde Substituenten vorhanden, ersetzt man gegebenenfalls die rauchende Salpetersäure durch konzentrierte (D = 1,4). Man beachte, daß beim Vorliegen von Polynitroverbindungen der Versuch einer Weiternitrierung möglicherweise erfolglos ist!

Primäre Amine durch Reduktion aromatischer und aliphatischer Nitroverbindungen

$$R-NO_2 + 6H \longrightarrow R-NH_2 + 2H_2O$$

Zur Reduktion erhitzt man 0,5 bis 1 g der Nitroverbindung mit 10 bis 20 ml verdünnter Salzsäure unter Zusatz von etwa 2 g feinem Zinn 30 Minuten unter Rückfluß. Nach dem Abkühlen wird von nicht umgesetztem Zinn abgegossen, mit wenig Wasser verdünnt und ausgeäthert, um restliche Ausgangsstoffe zu entfernen. Anschließend alkalisiert man die wäßrige Phase durch Zusatz von konzentrierter Natronlauge und extrahiert das Amin mit Äther. Der Äther wird getrocknet (Zusatz von Natriumsulfat), abdestilliert und das erhaltene Amin direkt identifiziert (siehe Kapitel 6.1.3.4.1.).

Bei der Reduktion saurer Nitroverbindungen (Nitrophenole oder Nitrobenzoesäuren) muß der Nachweis der Aminoverbindungen direkt aus der alkalisierten Lösung erfolgen. Sind die Ausgangsnitroverbindungen sehr wenig löslich, empfiehlt sich ein Zusatz von wenig Äthanol zur Reduktionslösung.

Die Reduktion aliphatischer Nitroverbindungen ist nur sinnvoll, wenn das zu erwartende primäre Amin nicht gasförmig ist.

Farbreaktion mit Eisen(III)-chlorid und Natronlauge
(für primäre und sekundäre aliphatische Nitroverbindungen)

$$R-CH_2-NO_2 + NaOH \longrightarrow \left[R-\overset{\ominus}{C}H-NO_2 \longleftrightarrow R-CH=N\underset{O^\ominus}{\overset{O^\ominus}{\diagdown}} \right] Na^\oplus + H_2O$$

Die Nitroverbindung wird mit wenig konzentrierter Natronlauge in das Natriumsalz überführt, das in etwas Wasser gelöst und mit 3%iger Eisen(III)-chloridlösung versetzt wird, wobei eine blutrote Färbung entsteht.

6.1.3.5. Kohlenwasserstoffe und Halogenkohlenwasserstoffe

6.1.3.5.1. Aliphatische Halogenkohlenwasserstoffe

S-Alkylisothiuroniumpikrate

$$RX + S=C\underset{NH_2}{\overset{NH_2}{\diagup}} \longrightarrow \left[R-S-C\underset{NH_2}{\overset{NH_2}{\diagup}} \right]^\oplus X^\ominus \xrightarrow{Pikrinsäure} Pikrat$$

Eine Mischung aus gleichen Teilen Thioharnstoff und Alkylhalogenid wird in etwa der zehnfachen Menge Äthanol wenige Minuten auf Siedetemperatur gehalten. In einem anderen Reagenzglas erhitzt man wenig Pikrinsäure in gerade soviel Äthanol, daß eine heiß gesättigte Lösung entsteht. Beide Lösungen werden miteinander vermischt und zur Auskristallisation abgekühlt. Die S-Alkylisothiuroniumpikrate sind aus Äthanol umzukristallisieren.

6.1. Identifizierung von reinen Substanzen

Zum Nachweis von Alkylchloriden empfiehlt sich ein Zusatz von Kaliumjodid, um die Reaktion zu beschleunigen, und ein Zusatz von etwas Wasser, um anorganische Salze vollständig zu lösen.

Anilide

$$RX + Mg \longrightarrow RMgX \xrightarrow{C_6H_5NCO} \underset{\underset{COR}{|}}{\underset{|}{C_6H_5-N}}\text{-MgX} \xrightarrow[-Mg(OH)X]{+H_2O} C_6H_5\text{-NH-CO-R}$$

0,3 bis 0,5 g Magnesiumspäne werden mit einem Körnchen Jod durch Erhitzen aktiviert. Man setzt 5 bis 10 ml trockenen Äther und 1 ml der Halogenverbindung zu. Nach Einsetzen der Reaktion erwärmt man auf dem Wasserbad 30 Minuten lang so, daß der Äther eben siedet. Sobald fast alles Magnesium in Lösung gegangen ist, wird filtriert und das Filtrat mit 0,5 ml Phenylisocyanat, gelöst in wenig Äther, versetzt. Nach kurzem Stehen gießt man die erkaltete Lösung in wenige Milliliter kaltes Wasser, dem man vorher 1 ml konzentrierte Salzsäure zugesetzt hat. Die ätherische Schicht wird abgetrennt, mit Natriumsulfat getrocknet und der Äther abdestilliert. Der Rückstand ist aus Methanol umzukristallisieren.

6.1.3.5.2. Aromatische Halogenkohlenwasserstoffe

Sulfonamide über Sulfonsäurechloride

$$Cl\text{-}C_6H_4\text{-H} \xrightarrow[-HCl,-H_2SO_4]{2HOSO_2Cl} Cl\text{-}C_6H_4\text{-}SO_2Cl \xrightarrow[-NH_4Cl]{2NH_3} Cl\text{-}C_6H_4\text{-}SO_2NH_2$$

Eine Lösung von 0,5 g der Halogenverbindung in 4 ml Chloroform wird im Reagenzglas in Eis gestellt. Man tropft unter dem Abzug langsam 2 bis 3 ml Chlorsulfonsäure aus einer Pipette zu. Nach Reaktionsbeginn wird die Mischung aus dem Kühlbad genommen und bei Raumtemperatur 20 bis 25 Minuten stehengelassen. Danach gießt man das Ganze auf wenig Eis, trennt die Chloroformschicht ab, wäscht mit Wasser, trocknet mit Natriumsulfat und vertreibt das Lösungsmittel. Das rohe Chlorid wird mit überschüssigem Ammoniak 10 Minuten erhitzt, anschließend mit Wasser verdünnt und das erhaltene Amid schließlich filtriert. Die Reinigung erfolgt durch Auflösen des Amids in wenig verdünnter Sodalösung in der Hitze, Filtrieren und Ausfällen mit einem Überschuß an verdünnter Salzsäure. Es wird aus verdünntem Äthanol umkristallisiert.

Nitrierungsprodukte

$$\underset{X}{\underset{|}{C_6H_4}}\text{-}R + HNO_3 \longrightarrow \underset{X}{\underset{|}{C_6H_3}}(R)\text{-}NO_2 + H_2O$$

Man arbeitet analog zum ersten Beispiel in Kapitel 6.1.3.4.3

6.1.3.5.3. Aromatische Kohlenwasserstoffe

Sulfonamide (analog Kapitel 6.1.3.5.2.)

Aroylbenzoesäuren

$$R-C_6H_5 + \text{Phthalsäureanhydrid} \xrightarrow{(AlCl_3)} R-C_6H_4-CO-C_6H_4-COOH$$

Man löst 0,5 ml oder 0,5 g des trockenen aromatischen Kohlenwasserstoffs zusammen mit 0,5 g Phthalsäureanhydrid in 5 ml Schwefelkohlenstoff und versetzt mit 1 g Aluminiumchlorid. Das Gemisch wird 20 Minuten auf dem Wasserbad erhitzt, bis das Aluminiumchlorid in Lösung gegangen ist. Danach kühlt man ab, trennt und verwirft die Schwefelkohlenstoffschicht. Der Rückstand wird unter Kühlung und Schütteln mit halbkonz. Salzsäure versetzt. Fällt das Produkt kristallin an, saugt man ab und wäscht mit Wasser. Erhält man nur ein Öl, wäscht man mehrmals mit kaltem Wasser und dekantiert. Das Rohprodukt wird mit wenig verd. Ammoniak unter Zusatz von Aktivkohle in der Hitze gelöst und nach Filtrieren durch wenig konzentrierte Salzsäure wieder ausgefällt. Es ist zu filtrieren und aus verdünntem Äthanol umzukristallisieren.

Pikrate

$$nR-C_6H_5 + \text{Pikrinsäure} \longrightarrow \text{Pikrat-Addukt}$$

Man erhitzt 10 ml einer gesättigten alkoholischen Lösung von Pikrinsäure bis zum Sieden und versetzt mit einer Lösung von 0,4 g des Kohlenwasserstoffs in wenig Alkohol. Der nach Abkühlen der Lösung erhaltene Niederschlag wird aus Äthanol, Essigester oder Benzol umkristallisiert.

6.2. Trennung von Gemischen

Sind die Bestandteile eines Gemisches zu identifizieren, so wird das Gemisch zuerst getrennt. Die Identifizierung der Komponenten erfolgt dann nach Kapitel 6.1.
Zur Trennung verwendet man meist physikalische Methoden in Kombination mit einfach durchzuführenden chemischen Methoden. Solche Methoden sind z. B. die *Destillation* mit und ohne Kolonne unter Normaldruck und im Vakuum, die *Extraktion* und die *Wasserdampfdestillation*.

6.2.1. Destillation

Zwei miteinander mischbare Substanzen können für analytische Zwecke (kleine Substanzmengen und kleine Apparaturen, langsame Destillation) ausreichend getrennt werden, wenn ihre Siedepunkte um wenigstens 40 °C differieren.

6.2. Trennung von Gemischen

So lassen sich Toluol (*Kp*. 110 °C) und Tetrachlorkohlenstoff (*Kp*. 77 °C) durch Destillation unter Normaldruck trennen. Rücken die Siedepunkte näher aneinander, so muß über eine Kolonne destilliert werden.

Trennungen sind bei *azeotropen Gemischen* nicht möglich. So siedet ein Gemisch aus 47,5% Toluol (*Kp*. 110 °C) und 52,5% n-Propanol (*Kp*. 97 °C) bei 92,6° (760 Torr) und geht in dieser Zusammensetzung über. Unvollständig wird die Trennung auch dann, wenn die Komponenten miteinander in starke Wechselwirkung treten (Beispiel Phenol — Pyridin).

Da organische Substanzen thermisch relativ instabil sind, ist die Destillation bei Normaldruck nicht über 140 °C durchzuführen, und örtliche Überhitzungen sind durch Verwendung eines Heizbades zu vermeiden.

Da ein gleichmäßiger Siedeverlauf für eine optimale Trennung erforderlich ist, vergesse man nie, zu der zu destillierenden Substanz ein Siedesteinchen hinzuzufügen.

Zunächst wird das zu trennende Substanzgemisch mittels eines *Wasserbades* erhitzt. Mit Erreichen des Siedepunktes der Badflüssigkeit (100 °C) sind alle Substanzen mit Siedepunkten <80 °C übergegangen.

Anschließend wird das Wasserbad gegen ein *Wachsbad* ausgetauscht, und damit werden alle Substanzen mit Siedepunkten bis 130 °C überdestilliert (Badtemperatur bis etwa 150 °C!).

Der höher siedende Destillationsrückstand wird auf Raumtemperatur abgekühlt und unter *Wasserstrahlvakuum* im Wasser- bzw. Wachsbad destilliert. Dabei gehen alle Verbindungen mit Siedepunkten bis etwa 180 bzw. 230 °C über.

Einen Hinweis auf die in den einzelnen Fraktionen eventuell enthaltenen Verbindungen gibt Tabelle 6.

Im Rückstand der Vakuumdestillation können theoretisch Vertreter aller Stoffklassen vorhanden sein.

6.2.2. Extraktion

Dieses Trennverfahren nutzt die unterschiedliche Löslichkeit der Komponenten eines Gemisches aus. Man kann die Extraktion im Scheidetrichter (vgl. Kapitel 3.6.1.2.) durchführen, verwendet aber im analytischen Maßstab zweckmäßigerweise ein Reagenzglas und eine Pipette. Aus der unterschiedlichen Löslichkeit können bereits Hinweise auf die Substanzklassen erhalten werden (vgl. Kapitel 6.1.1.).

Im einfachsten Falle kann z. B. Pyridin von Chloroform durch Zusatz von Wasser getrennt werden. Chloroform löst sich praktisch nicht im Wasser, Pyridin ist damit mischbar. Ähnlich kann Glycerin von n-Propanol durch Äther getrennt werden, in dem das Glycerin praktisch unlöslich ist.

Ein Gemisch aus einer sauren oder basischen Substanz und einem Neutralstoff kann durch Ausschütteln mit 10%iger Natronlauge (Salzbildung mit der Säure) oder mit 10%iger Salzsäure (Salzbildung mit der organischen Base) getrennt werden. Hinweise für saure oder basische Stoffe erhält man aus der Reaktion mit Lackmuspapier oder aus der unterschiedlichen Löslichkeit in Wasser, Salzsäure und Natronlauge.

134   6. Identifizierungen

Tabelle 6: Abhängigkeit der Siedepunkte von der Anzahl der Kohlenstoffatome verschiedener Verbindungen

Liegt eine saure Substanz, z. B. Phenol, neben einem Neutralstoff, z. B. Tetralin, vor, so wird Phenol mit 10%iger Natronlauge als Natriumphenolat ausgeschüttelt. Tetralin wird in Äther aufgenommen, die ätherische Phase von der wäßrigen (Natriumphenolat in Wasser) abgetrennt und mit Natriumsulfat getrocknet. Nach Abdestillation des Äthers kann die Identifizierung des Neutralstoffes (Tetralin) vorgenommen werden.
Eine Ätherextraktion des Neutralstoffes erübrigt sich, wenn dieser in fester Form anfällt.
Aus dem Alkaliextrakt wird das Phenol durch Ansäuern mit verd. Schwefelsäure in Freiheit gesetzt und in Äther aufgenommen. Die ätherische Lösung wird mit Natriumsulfat getrocknet, der Äther abdestilliert und der Rückstand (Phenol) identifiziert.
Die im Wasser nichtlöslichen sauren Verbindungen, wie z. B. Anthranilsäure, α- und β-Naphthol, können nach der Zugabe der Schwefelsäure abfiltriert und nach eventueller Umkristallisation identifiziert werden.
Die aliphatischen Carbonsäuren, z. B. Ameisen- und Essigsäure, erhält man durch Destillation des neutralisierten Natronlaugeauszuges. In diesem können auch die ätherunlöslichen Verbindungen, wie Oxal-, Zitronen-, Bernstein-, Wein-, Milchsäure, enthalten sein, die man dann speziell prüfen muß.
Bei der Trennung eines Gemisches aus einer neutralen und einer basischen Substanz (z. B. Isopropanol-Anilin) wird analog verfahren. Statt der Natronlauge wird 10%ige Salzsäure zum Ausschütteln verwendet. Der Salzsäureextrakt wird mit 30%iger Natronlauge neutralisiert.
Eine weitere Möglichkeit zur Trennung eines Gemisches besteht darin, einen Bestandteil als kristallines Derivat abzuscheiden. So kann aus dem Gemisch Toluol-Benzaldehyd der Aldehyd als Bisulfitverbindung abgetrennt werden.

6.2.3. Wasserdampfdestillation

Liegen Verbindungen unterschiedlicher Polarität als Gemisch vor, so ist eine Trennung durch die Wasserdampfdestillation möglich.
Allgemein gilt, daß wenig polare Substanzen eher mit Wasserdampf flüchtig sind, als solche hoher Polarität. Da diese Eigenschaft durch Einführung einer weiteren funktionellen Gruppe in ein Molekül zunimmt, kann folgende Regel aufgestellt werden: Monofunktionelle Substanzen sind mit Wasserdampf flüchtig, bi- und polyfunktionelle sind es nicht. So sind von den Gemischen Äthanol — Äthylenglykol, Essigsäure — Oxalsäure, Benzoesäure — Phthalsäure die zuerst genannten Verbindungen wasserdampfflüchtig.
Eine Ausnahme von dieser Regel bilden die ortho-disubstituierten Benzolderivate wie o-Nitrophenol, Salicylaldehyd. Diese sind als bifunktionelle Substanzen mit Wasserdampf flüchtig, da durch Wasserstoffbrückenbindung zwischen den orthoständigen Substituenten die Polarität vermindert wird.

6.2.4. Tabellen 7—20

Tabelle 7: **Alkohole**, physikalische Daten und Derivate

Alkohol	F. [°C]	Kp. [°C]	p-Nitro-benzoat F. [°C]	3.5-Dinitro-benzoat F. [°C]	3-Nitro-hydrogen-phthalat F. [°C]	Phenyl-urethan F. [°C]	α-Naphthyl-urethan F. [°C]	Acetat F. [°C]	Benzoat F. [°C]
Methyl-		65	96 (180)	108	153[1]	47	124		
Äthyl-		78	57	93	158	52	79		
Isopropyl-		82	110	123	154	88	106		
tert.-Butyl-	25	83	116	143		136	101		
n-Propyl-		97	35	74	146	57	80		
Allyl-		97	29	50	124	70	109		
sec.-Butyl-		99	26	76	131	64	97		
tert.-Amyl-		102	85	117		42	72		
Isobutyl-		108	69	88	180	86	104		
Pentanol-3		116	17	98	121	48	95 (71)		
n-Butyl-		118	36 (70)	64	147	61	71		
sec.-Amyl-		120	17	62	103		76		
Äthylenglykol-monomethyläther		124	51		129		113		
Äthylenglykol-monoäthyläther		135		75	118		67		
n-Amyl-		138	11	46	136	46	68		
n-Hexyl-		157	5	61	124	42	59 (62)		
Cyclohexyl-	25	161	50	113	160	82	129		
Äthylenglykol		198	141	169		157	176		
Butandiol-(1.3)		204				123	184		
Benzyl-		205	86	113	176	78	134		
Butandiol-(1.4)		230	175			183	199		
Glycerin		290	188			180	192		Di.: 82 Tri.: 72—75
Zimt-	33	257	78	121		91	114		
Sorbit	98(93)							Hexa.: 99	Hexa.: 216—217
Benzoin	137	344	123			165	140	Hexa.: 126	Hexa.: 149
Mannit	166					303		Tetra.: 84	Tetra.: 99
Pentaerythrit	253								

[1] wasserfrei

6.2. Trennung von Gemischen

Tabelle 8: **Phenole**, physikalische Daten und Derivate

Phenol	F. [°C]	Kp. [°C]	Benzoat F. [°C]	Phenyl-urethan F. [°C]	α-Naphthyl-urethan F. [°C]	Bromderivat F. [°C]	Aryloxy-essigsäure F. [°C]	p-Nitro-benzoat F. [°C]	3.5-Dinitro-benzoat F. [°C]	Acetat F. [°C]
Resorcinmono-methyläther	−18	243					118			
Eugenol	−9	254	69	96	120	Tri-: 104	100	81		
Salicylsäure-äthylester	1	234	87	99	122	Tetra-: 118		108		
o-Bromphenol	5	195	86		129	Tri-: 95	143	115	143	
o-Chlorphenol	7	176		121	120	Di-: 76	102	90		
m-Kresol	12	203	54	122	128	Tri-: 84	52	94		
o-Kresol	31	192		143	142	Di-: 56	108		138	
m-Bromphenol	32	236	86	136	118	Tri-: 116		93	141	
Guajakol	32	205			158			99	156	
m-Chlorphenol	33	214			146	Tetra-: 108		98	187	
p-Kresol	36	202		115	133	Tri-: 95	99	127	140	
Phenol	42	183	68	126	166	Di-: 90	156	171	186	
p-Chlorphenol	43 (37)	217	93	149	113	Di-: 117		141	155	
o-Nitrophenol	45	216	59		169	Di-: 95	157	180	191	
p-Bromphenol	64	236	102	144		Di-: 160	189			102
Vanillin	81	285	78	116	152	Di-: 105	192	143	217	56
α-Naphthol	94	280	56	178	167	Di-: 91		174	159	
m-Nitrophenol	97	194 (70 Torr)	95	129						
Brenzcatechin	105	246	Di-: 84	169		Tetra-: 192	195	169	152	Di-: 65
Resorcin	110	280	Di-: 117	164	151	Di-: 116		182	201	82
p-Nitrophenol	114		142	148		118 (142)		159	188	
Pikrinsäure	122			Tri-: 191		*Naphthalin-Additionsverbindung:* 150				
β-Naphthol	123	286	163	156	157	84	155	169	210	76
Pyrogallol	133	301	107	173		158		230	205	72
Hydrochinon	169	286	Tri-: 90	224	247	Di-: 186		258	317	Tri-: 173
Phloroglucin	219		Di-: 199 Tri-: 173			Tri-: 151		283	162	Di-: 123 104

Tabelle 9: **Aldehyde**, physikalische Daten und Derivate

Aldehyd	F. [°C]	Kp. [°C]	p-Nitrophenyl-hydrazon F. [°C]	2.4-Dinitro-phenylhydrazon F. [°C]	Semicarbazon F. [°C]	Phenylhydrazon F. [°C]	Oxim F. [°C]
Form-		−21	182	167	169	145	47
Acet-		21	129	168 (147)	162	99 (63)	40
Propion-		49	124	155	89 (154)		
i-Butyr-		64	132	182	125		
n-Butyr-		74	92	122	106		56
Chloral		98	131	131	90		52
n-Valer-		103		98 (107)			51
n-Capron-		128		104	106		57
Önanth-		156	73	108	109		76 (92)
Furfural		161	54	214 (230)	202	97	172
Succin-		170		280			60
Capryl-		171	80	106	101		35
Benz-		179	192	237	222	158	57 (63)
Salicyl-		196	223	248	231	142	45 (64; 133)
Anis-		248	161	254	203	121	138 (65)
Zimt-	38	252	195	255	215	68	92
o-Methoxybenz-	44	246	205	254	215		
o-Nitrobenz-	58		263	250 (192)	256	156	102 (154)
m-Nitrobenz-	58	285	247	293 (268)	246	120 (124)	122
3.4-Dimethoxybenz-	74			163 (265)	177	121	95
p-Dimethylaminobenz-	80		182	325	222	148	185
Vanillin	106	285	229	271	230	105	122 (117)
p-Nitrobenz-	117		249	320	221	159	129
Terephtal-		245	281			278 (154)	200

Tabelle 10: **Ketone**, physikalische Daten und Derivate

Keton	F. [°C]	Kp. [°C]	p-Nitrophenyl-hydrazon F. [°C]	2.4-Dinitro-phenylhydrazon F. [°C]	Phenylhydrazon F. [°C]	Semicarbazon F. [°C]	Oxim F. [°C]
Aceton		56	150	128	42	189	59
Methyläthyl-		80	129	117		146	
Diacetyl		88	230	315	134	235	
						Di-: 279	
Methyl-iso-propyl-		94	109	120		114	
Methyl-n-propyl-		102	117	144		112	
Diäthyl-		102	144	156		139	
Pinakolon		106		125		158	79
Diisopropyl-		124		96		160	34
Methylbutyl-		129	88	108		125	49
Mesityloxid		130	134	203	142	164	49
Cyclopentanon		131	154	146	55	203–10	56
Acetylaceton		139		209		122; Di-: 209	149
Di-n-propyl-		144		75		133	
Cyclohexanon		156	147	162	81	167	91
Propiophenon	19	218		191	147	174	54
Butyrophenon	12	230		191	200	188	50
Acetophenon	20	202	185	250 (238)	105	199	60
Phenylaceton	27	216	145	156	86	199	69
Phoron	28	199		112 (118)		186 (221)	48
p-Methylacetophenon	28	226	198	260	96	205	88
p-Methoxyacetophenon	38	258	195	220 (234)	142	198	87
Benzalaceton	41	262	166	227	157	187	115
Benzophenon	49	306	155	238	137	166	143
Phenacylbromid	50			213		146	90 (97)
p-Bromacetophenon	51	256	193	230 (237)	126	208	129
Benzil	95	347	Di-: 290	189	134	182; Di-: 244	140
							Di-: 237
p-Brom-phenacylbromid	109						115
Benzoin	133	344		245	158 (106)	206	152 (99)
D,L-Campher	178	205	217	164	233	247	118

Tabelle 11: **Carbonsäuren**, physikalische Daten und Derivate

Säure	F. [°C]	Kp. [°C]	Methylester F. [°C]	Methylester Kp. [°C]	Äthylester F. [°C]	Äthylester Kp. [°C]	Phenacyl-ester F. [°C]	p-Brom-phenacyl-ester F. [°C]	Amid F. [°C]	Anilid F. [°C]	Ben-zyl-amid F. [°C]	Chlorid F. [°C]	Chlorid Kp. [°C]	Anhydrid F. [°C]	Anhydrid Kp. [°C]	Nitril F. [°C]	Nitril Kp. [°C]
Kohlen-									Di.: 132	Di.: 238	169		Di.: 8				
Ameisen-	8	100		32		54			3	50	60						25
Essig-	17	118		57		77	50	135	82	113	60		52		138		82
Acryl-	13	140		80		101		85	85	105			76				78
Propion-		140		79		98		59	79	105	43		80		168		97
Isobutter-		155		92		110		77	129	96	87		92		82		108
n-Butter-		163		102		120		63	115	104	38		100		98		117
Brenztrauben-	13	165		136		155			124	63							93
n-Valerian-		186		128		146		75	106	119			107		215		112
Dichloressig-		194		143		158		99	97	95	96						
n-Capron-		205		151		168		72	100	59							182
D,L-Milch-	18	119 (12 Torr)		144		155	96	112	79								
Öl-	14	223 (10 Torr)						40 (46)	76	41	226						
Caprin-	31	269		224		244		67	108	70							83
Lävulin-	34	245						84	108	102				46	223		127
Trichloressig-	58	197		152		167		105	141	94	94		118				
Chloressig-	63	189		130		145		86	119	137	94		105				
Palmitin-	63	222 (16 Torr)							106	91	95						
Cyanessig-	66			201		207		90	123	198	124					30	222
Stearin-	70								109	96	99						234
Phenylessig-	76			215		227	50	89	157	118	122		210	72			234
Glutar-	98	303		214		237	105	137	174	224	170		217	56	288		286
Phenoxyessig-	100			245		251	148	148	101	99	90		226	68			240
Zitronen-	100[1]		79			294	104	148	210	199	169						
Oxal-	101[2]		54	163	37	186		244	219 Di.: 418	149 Di.: 250	223		64	72		25	256
o-Methoxybenzoe-	101			245		261		113	129	131			254				
Pimelin-	105	223 (15 Torr)		250		255	84	Di.: 137	Di.: 175	Di.: 156						22	170
D,L-Mandel-	118		58					113	134	152							

[1]) Monohydrat; wasserfrei 153.   [2]) Dihydrat; wasserfrei 190.

Fortsetzung Tabelle 11

Säure	F.[°C]	Kp.[°C]	Methylester F.[°C]	Methylester Kp.[°C]	Äthylester F.[°C]	Äthylester Kp.[°C]	Phenacylester F.[°C]	p-Bromphenacylester F.[°C]	Amid F.[°C]	Anilid F.[°C]	Benzylamid F.[°C]	Chlorid F.[°C]	Chlorid Kp.[°C]	Anhydrid F.[°C]	Anhydrid Kp.[°C]	Nitril F.[°C]	Nitril Kp.[°C]
Benzoe-	121								129	62	105		197	42			190
Sebacin-	133	243 (15 Torr)		198		213	119	119, Di: 147	Di: 210	Di: 202							
Zimt-	133		36	261		271	140	146	147	153	226	36	257	85	136	20	256
Malon-	133			181		198			170	225	142					30	222
Acetylsalicyl-	135		49			272	105		138	136	102	49	135 (12 Torr)				254
Malein-	132			205		225	129	169	181	187	148			56	202		
Wein-(meso)	140		24	300					Di: 190	Mono: 194							
Anthranil-	146			275	13	226	Di: 181	Di: 172	109	121	125			135		50	
o-Nitrobenzoe-	147				30	275	125	101	175	161	141	20	148 (9 Torr)			110	266
Benzil-	150							152	155	175							
Adipin-	153			115 3 Torr		245	88	155	220	235	189	20	92 (15 Torr)	22			295
Salicyl-	158			223		234	110	140	139	135	137	22	145 (15 Torr)			98	
Anis-	184		48	256		263	134	152	163	171	131			99		61	240
Bernstein-	185	235	19	195		218	148, Di: 186	211, Di: 200	242	226	206		190	120	250	56	268
p-Aminobenzoe-	188		112		92				179	162	89					86	
Phthal-	200			283		298	154	153	220	251	178	31	281	132		141	
3.5-Dinitrobenzoe-	207		108		95			159	183	234		69	196 (11 Torr)	219			
Wein-(rac.)	206							191	Di: 226	Di: 235							
p-Hydroxybenzoe-	213		131		116	297	178	134	162	197						113	
Gallus-	253								189	207							

Tabelle 13: Amine, primär und sekundär, physikalische Daten und Derivate

Amin	F. [°C]	Kp. [°C]	Acetamid F. [°C]	Benzamid F. [°C]	Benzolsulfon- amid F. [°C]	p-Toluol- sulfonamid F. [°C]	Pikrat F. [°C]	Phenyl- thioharnstoff F. [°C]
Methyl-		−6	28	80	30	75	215 (207)	113
Dimethyl-		7		41	47	79	158	135
Äthyl-		17		71	58	63	165	106 (135)
i-Propyl-		33			26			101
n-Propyl-		49		84	36	52	135	63
Diäthyl-		56		42	42	60	155	34
Allyl-		58			39	64	140	98
i-Butyl-		69		57	53	78	150	82
n-Butyl-		77		42			151	65
i-Amyl-		96				65	138	102
n-Amyl-		104		48			139	69
Piperidin		106		249			152	101
Äthylendi-		116	172	192	94	96	233	102
1.2-Propandi-		120	139	75	168		135	
Morpholin		130		40	118	103	146	136
n-Hexyl-		130			96	147	126	77
Cyclohexyl-		134	104	149	89			148
Benzyl-		184	65	105	88	116 (185)	194	156
Anilin		184	114	160	112	103	180	154
α-Phenyläthyl-		187	57	120				
N-Methylanilin		196	102	63	79	94	145	87
β-Phenyläthyl-		198	51	116	69		174 (167)	135
o-Toluidin		200	111	146	124	109	213	136
m-Toluidin		203	65	125	95	114	200	94
N-Äthylanilin		205	54	60		88	132 (138)	89
o-Chloranilin		209	87	99	129	193 (105)	134	156
2.5-Dimethylanilin	16	215	139	140	138	233 (119)	171	148
2.4-Dimethylanilin		217	133	192	130	181	209	152
o-Anisidin	5	225	85 (88)	60 (84)	89	127	200	136
o-Phenetidin		229	79	104	102	164		137
m-Chloranilin		230	72	119	121	138 (210)	177	124 (116)
Phenylhydrazin	19	242	128 Di-: 107	168 Di-: 177	148	151		172
m-Phenetidin		248	97	103		157	158	138
p-Phenetidin	2	248	137	173	143	106	69	136

6.2. Trennung von Gemischen

Fortsetzung Tabelle 13

Amin	F. [°C]	Kp. [°C]	Acetamid F. [°C]	Benzamid F. [°C]	Benzolsulfon- amid F. [°C]	p-Toluol- sulfonamid F. [°C]	Pikrat F. [°C]	Phenyl- thioharnstoff F. [°C]
m-Anisidin	18	251	81			68	169	143
m-Bromanilin	32	251	87				180	146 (161)
o-Bromanilin	45	229	99	120 (136)	120	90	129	141
p-Toluidin	50	200	147	116	167	118	182	165
α-Naphtyl-	54	300	159	158	124	157 (147)	163 (181)	152
Diphenyl-	56	302	101	160		141	182	
2-Aminopyridin	58	204	71	180			216	
p-Anisidin	58	240	129	165	95	114	106	157 (171)
2,4-Dichloranilin	63	245	145	154 (157)	128	126	184	
m-Phenylendi-	63	283	88	117	194	172		
			Di.: 191	125				
				Di.: 240				
p-Bromanilin	66	245	168	204	134	101	180	148
o-Nitranilin	71		93	98 (110)	104	142	73	
p-Chloranilin	72	232	179 (172)	192	122	95 (119)	208	152
o-Phenylendi-	102	257	Di.: 185	Di.: 301	185	Di.: 260	195	
β-Naphtyl-	112	306	132	162	102	133	143	129
m-Nitranilin	114		155	155	136	138		160
m-Aminophenol	122		148	174		157		156
			Di.: 101					
Benzidin	127		199	204	Di.: 232	Di.: 243		
			Di.: 317	Di.: 352				
p-Phenylendi-	140 (147)	267	163	128	Di.: 247	Di.: 266		
			Di.: 304	Di.: 300				
Anthranilsäure	146		185	182	139	217	104	
p-Nitranilin	147		215	199	141	141	100	
o-Aminophenol	174		209 (124[1])	165[2]	125	146 (139)		146
p-Aminophenol	184		168 (150[1])	217[3]				150
p-Aminobenzoesäure	187			278	212			

[1]) Diacetylverb.
[2]) O-Benzoylderivat: 185°C
[3]) O-, N-Dibenzoylderivat: 234°C

Tabelle 12: **Essig- und Benzoesäureester,** physikalische Daten

Ester	Acetat Kp. [°C]	Benzoat Kp. [°C]
n-Propyl-	101	
i-Propyl-	91	
i-Butyl-	117	
n-Butyl-	126	
Benzyl-	217	223
n-Amyl-	147	
Bornyl-	221[1])	
Phenyl-	196	299[2])

[1]) F. 29°C
[2]) F. 68°C

Tabelle 14: **Amine, tertiär,** physikalische Daten und Derivate

Amin	F. [°C]	Kp. [°C]	Pikrat F. [°C]	Methojodid F. [°C]	Methotosylat F. [°C]
Trimethyl-		3	216	230	
Triäthyl-		89	173		
Pyridin		116	167	117	139
α-Picolin		129	169	230	150
β-Picolin		143	150		
γ-Picolin		143	167		
N,N-Dimethylanilin		193	163	228	161
N,N-Diäthylanilin		218	142	102	
Chinolin		239	203	133[1])	126
Isochinolin		240	222	159	163
Chinaldin		247	194	195	162
Lepidin	10	262	212	174	
Pyrimidin	21	124	156		
8-Hydroxychinolin	75	266	204	143	
Acridin	108		208	224	
Urotropin	280		179	190	205

[1]) wasserfrei; Hydrat 72°C.

6.2. Trennung von Gemischen

Tabelle 15: Nitroverbindungen, physikalische Daten und Derivate

Nitroverbindung	F. [°C]	Kp. [°C]	n_D^{20}	Nitrierungs-produkt (Position) F. [°C]
Nitromethan		101	1,3797	
Nitroäthan		114	1,3920	
Nitrobenzol		210	1,5530	
m-Dinitrobenzol	90	320		90 (1.3-)
o-Nitrotoluol		220	1,5474	70 (2.4-)
p-Nitrotoluol	52	238		70 (2.4-)
2.4-Dinitrotoluol	70			80 (2.4.6-)
o-Nitrophenol	46	216		
m-Nitrophenol	97			
p-Nitrophenol	114			
Pikrinsäure	122			
o-Nitranilin	71			
m-Nitranilin	114	285		
p-Nitranilin	168			
p-Nitrobenzoylchlorid	75			
3.5-Dinitrobenzoylchlorid	70			
o-Nitrochlorbenzol	33	244		
p-Nitrochlorbenzol	83	242		50 (2.4-)
2.4-Dinitrochlorbenzol	51	315		183 (2.4.6-)
1-Nitronaphthalin	61	304		
2-Nitronaphthalin	79			
o-Nitroäthylbenzol		224	1,5407	37 (2.4.6-)
p-Nitroäthylbenzol		241	1,5458	37 (2.4.6-)

Tabelle 16: Halogenkohlenwasserstoffe, aliphatisch, physikalische Daten und Derivate

Halogenid	Chlorid Kp. [°C]	Bromid Kp. [°C]	Jodid Kp. [°C]	S-Alkylisothiuroniumpikrat F. [°C]	Anilid F. [°C]
Methyl-	−24	5	43	224	114
Äthyl-	12	38	72	188	104
i-Propyl-	36	60	89	196 (148)	103
n-Propyl-	46	71	102	181 (176)	92
Allyl-	46	71	103	155	114
tert.-Butyl-	51	72	98	160	128
i-Butyl-	68	91	120	174	109
n-Butyl-	77	100	130	180 (177)	63
i-Amyl-	100	118	148	179 (173)	108
n-Amyl-	107	129	156	154	96
n-Hexyl-	134	157	180	157	69
Cyclohexyl-	142	165	179		146
Benzyl-	179	198	24[1])	188	117
p-Nitrobenzyl-	71[1])	99[1])			

[1]) F.

Tabelle 17: **Halogenkohlenwasserstoffe, aromatisch**, physikalische Daten und Derivate

Halogenid	F. [°C]	Kp. [°C]	Sulfonamid (Position) F. [°C]	Nitrierungsprodukt (Position) F. [°C]
Chlorbenzol		132	143 (4—)	52 (2,4—)
Brombenzol		156	162 (4—)	75 (2,4—)
2-Chlortoluol		159	126 (5—)	64 (3,5—)
3-Chlortoluol		162	185 (6—)	91 (4,6—)
4-Chlortoluol	7	162	143 (2—)	38 (2—)
1.2-Dichlorbenzol		180	135 (4—)	110 (4,5—)
2-Bromtoluol		181	146 (5—)	82 (3,5—)
Jodbenzol		188		174 (4—)
1.2-Dibrombenzol		219	176 (4—)	114 (4,5—)
1-Chlornaphthalin		259	186 (4—)	180 (4,5—)
1-Bromnaphthalin		281	193 (4—)	85 (4—)
4-Bromtoluol	28	185	165 (2—)	47 (2—)
1.4-Dichlorbenzol	53	174	180 (2—)	54 (2—)
2-Bromnaphthalin	59	281	208 (8—)	
2-Chlornaphthalin	61	265	126 (8—)	175 (1,8—)
1.4-Dibrombenzol	89	219	195 (2—)	84 (2,5—)

Tabelle 18: **Halogenkohlenwasserstoffe, mehrfach halogeniert,**
physikalische Daten

Halogenid	Kp. [°C]	n_D^{20}
Dichlormethan	41	1,4237
Chloroform	61	1,4460
Tetrachlorkohlenstoff	77	1,4630
1.2-Dichloräthan	84	1,4443
Trichloräthen	87	1,4773
Tetrachloräthen	121	1,5055
1.2-Dibromäthan	132	1,5379
1.1.2.2.-Tetrachloräthan	147	1,4942
Bromoform	151	1,5890
Pentachloräthan	161	1,5040
1.3-Dibrompropan	165	1,5230
Benzalchlorid	207 (214)	1,5515
Benzotrichlorid	221	1,5573
Tetrabromkohlenstoff	92[1])	
Jodoform	120[1])	
Hexachloräthan	185[1])	

[1]) F.

6.2. Trennung von Gemischen

Tabelle 19: **Aliphaten, Cycloaliphaten und Olefine**, physikalische Daten und Derivate

Kohlenwasserstoff	$Kp.$ [°C]	n_D^{20}	Derivate $F.$ [°C]
n-Pentan	36	0,6260	
n-Hexan	69	0,6593	
Cyclohexan	80	0,790	
Cyclohexen	84	1,4465	Adipinsäure 152
n-Heptan	98	0,6837	
Inden	180	1,5710	Pikrat 98
Stilben	306		Pikrat 94; Dibrom- 237

Tabelle 20: **Aromaten**, physikalische Daten und Derivate

Kohlenwasserstoff	$F.$ [°C]	$Kp.$ [°C]	n_D^{20}	Sulfonamid $F.$ [°C]	Aroylbenzoesäure $F.$ [°C]	Pikrat $F.$ [°C]	Nitroverbindung (Position) $F.$ [°C]
Benzol	5	80	1,5511	148	128	84	89 (1.3-)
Toluol		110	1,4969	137	138	88	70 (2.4-)
Äthylbenzol		135	1,4959	109	122	97	37 (2.4.6-)
p-Xylol		138	1,4958	147	132	90	139 (2.3.5-)
m-Xylol	13	139	1,4972	137	126	91	183 (2.4.6-)
o-Xylol		144	1,5054	144	178	88	118 (4.5-)
Cumol		152	1,4915	107	133		109 (2.4.6-)
Mesitylen		165	1,4994	141	212	97	96 (2.4-)
Durol	79	193		155	264		205 (3.6-)
Tetralin		207			154		95 (5.7-)
Naphthalin	80	218			173	150	60 (1-)
1-Methylnaphthalin		244	1,6182		169	141	71 (4-)
2-Methylnaphthalin	34	241			190	116	
Diphenyl	69	255			225		233 (4.4'-)
Acenaphthen	96	278			198	162	101 (5-)
Phenanthren	100	339				144	
Anthracen	216	351				138	

7. UVS- und IR-Spektroskopie

7.1. Theoretische Grundlagen absorptionsspektroskopischer Methoden

Die *Identifizierung* bereits *bekannter Verbindungen* wurde in Kapitel 6. beschrieben.
Die *Struktur neu synthetisierter organischer Substanzen*, die z. B. unter Benutzung der in Kapitel 3.1. bis Kapitel 3.8. beschriebenen Methoden isoliert, gereinigt und charakterisiert worden sind, wird mit Hilfe zahlreicher moderner physikalisch-chemischer Arbeitsmethoden aufgeklärt, z. B. der *Elektronenspektroskopie* (*UVS-Spektroskopie*, d. h. Spektroskopie mit ultraviolettem und sichtbarem Licht) und der *Infrarotspektroskopie* (*IR-Spektroskopie*).

Wenn ein Lichtstrahl oder allgemeiner eine elektromagnetische Strahlung geeigneter Wellenlänge λ bzw. Wellenzahl $\bar{\nu} = \dfrac{1}{\lambda}$ mit der Lichtgeschwindigkeit c auf die Moleküle einer Verbindung auftrifft, ist es möglich, daß der Strahl teilweise oder vollständig absorbiert wird.

Die durch das Licht repräsentierte Energiemenge überführt die Moleküle aus dem normalerweise eingenommenen *Grundzustand* (mit der Energie E_1) in einen *Anregungszustand* (mit der Energie E_2). Die von den Molekülen aufgenommene Energiemenge:

$$E = E_2 - E_1 = h \cdot c \cdot \bar{\nu} = \frac{h \cdot c}{\lambda} \tag{7.1.1}$$

(h = PLANCKsches Wirkungsquantum)

dient zur Anregung von Rotationen der Moleküle, von *Schwingungen* der Atome und Atomgruppen im Molekül sowie zur *Elektronenanregung*.
In Abhängigkeit von Energiegehalt E bzw. Wellenlänge λ bzw. Wellenzahl $\bar{\nu}$ der Strahlung (siehe (7.1.1.)) werden diese drei Anregungsarten, die bestimmte Rückschlüsse auf die Struktur der Moleküle erlauben, ermöglicht.
Bild 34 zeigt den Zusammenhang zwischen einigen Strahlungsarten und den dazu gehörigen Anregungen in den Molekülen.

7.1. Theoretische Grundlagen absorptionsspektroskopischer Methoden

Spektral-bereich	Ultraviolett (UV)		sichtbar (S)		Infrarot- oder Ultrarot (IR oder UR)		
λ [nm]	200	400		800	(2 500		50 000)
ν [cm^{-1}]					4 000	200	
Anregung von	σ-Elektronen	π-Elektronen, freie Elektronenpaare			Oberschwin-gungen	Molekül-schwingungen	Molekül-rotationen
Spektrum	Elektronenspektren				Rotations-Schwingungs-spektren		Rotations-spektren

Bild 34   Übersicht UVS- und IR-Spektroskopie

Zeichnet man die Lichtintensität, die von der bestrahlten Substanz durchgelassen wird, als Funktion der Wellenzahl $\bar{\nu}$ oder der Wellenlänge λ auf, so erhält man ein *Absorptionsspektrum*.
Die Aufnahme der Spektren erfolgt heute mit Hilfe vollautomatischer Spektrometer, die meist den folgenden schematischen Aufbau besitzen (Bild 35).

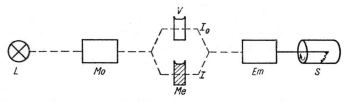

Bild 35   Schema eines Spektrometers

Die von der *Lichtquelle L* ausgehende kontinuierliche Strahlung gelangt in den *Monochromator Mo*, in dem sie durch Prismen oder Gitter zerlegt wird.
Aus dem Monochromator treten nacheinander in bestimmter zeitlicher Folge die einzelnen Wellenlängen des ursprünglich kontinuierlichen „Strahlengemisches" aus und können anschließend als *Meßstrahl Me* im Meßgefäß bei Erfüllung der Gleichung (7.1.1) mit den Substanzmolekülen in Wechselwirkung treten.
Der das Meßgefäß verlassende Strahl, der nur noch die Intensität I besitzt, wird mit dem *Vergleichsstrahl V* der Intensität I_0 (der Vergleichsstrahl durchläuft entweder ein leeres Meßgefäß ohne Substanz oder eine Küvette mit reinem Lösungsmittel, das bei der entsprechenden Wellenlänge wenig oder gar nicht absorbiert) in einem geeigneten *Empfängersystem Em* verglichen.
Durch automatische Division von I_0 durch I ermittelt das Spektrometer einen Wert für die Absorptionsintensität bei der jeweiligen Wellenlänge, der durch den *Schreiber S* als Absorptionsspektrum registriert wird.

Der dekadische Logarithmus dieses Quotienten $\frac{I_0}{I}$ wird als *Extinktion E* bezeichnet und ist nach LAMBERT und BEER durch Gleichung (7.1.2) gegeben:

$$E = \lg \frac{I_0}{I} = \varepsilon \cdot c \cdot d \tag{7.1.2}$$

ε: molarer Extinktionskoeffizient (Stoffkonstante),
c: Konzentration [mol/l]),
d: Schichtdicke der Substanz bzw. des Meßgefäßes [cm].

7.2. UVS-Spektroskopie

7.2.1. Theoretische Grundlagen

Wie aus Bild 34 zu erkennen ist, werden durch Lichtstrahlen des Wellenlängenbereiches 200 bis 800 nm, d. h. durch Strahlung des sichtbaren Lichtes und des längerwelligen, energieärmeren UV-Bereiches nur die lockeren π-Elektronen und die sogenannten freien Elektronenpaare angeregt, und man erhält ein Elektronenspektrum, das anstelle der erwarteten scharfen Absorptionslinien aus breiten Absorptionsbanden (siehe Bild 36) besteht. Dies ist so zu erklären, daß sich gleichzeitig mit der Elektronenanregung auch Schwingungs- und Rotationszustände des Moleküls verändern.

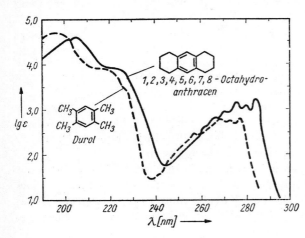

Bild 36 UV-Spektren zweier Substanzen mit gleichem aromatischem Grundgerüst

Man bezeichnet Atomgruppen im Molekül, die π-Elektronen oder freie Elektronenpaare besitzen und deshalb im sichtbaren und nahen UV-Bereich des Spektrums anregbar sind, als *Chromophore*.

7.2. UVS-Spektroskopie

Diese aus der Farbenchemie stammende Bezeichnung besagt, daß solche Atomgruppen die Farbigkeit einer Substanz (d. h. die Absorption eines Teils des sichtbaren Lichtes und das Auftreten der Komplementärfarbe) verursachen können.

In Tabelle 21 sind einige häufig auftretende Chromophore zusammengestellt.

Tabelle 21: Häufig auftretende chromophore Gruppen

Chromophor	qualitat. Angabe der Intensität	λ_{max} [nm]	Anregung von
$>C=C<$	eine starke Bande	etwa 175—200 (vgl. Tab. 22)	π-Elektronen
$>C=O$	eine starke Bande eine schwache Bande	etwa 180—195 etwa 270—295	π-Elektronen freie Elektronenpaare am Sauerstoff
$-\overline{\underline{N}}=\overline{\underline{N}}-$	eine schwache Bande[1]	etwa 340—370	freie Elektronenpaare am Stickstoff
$-\underline{\overline{O}}-H$	eine mittelstarke Bande	etwa 185	freie Elektronenpaare am Sauerstoff
$-\underline{N}\genfrac{}{}{0pt}{}{H}{H}$	eine mittelstarke Bande	etwa 215	freies Elektronenpaar am Stickstoff

[1] Beim $-N=N-$ Chromophor existiert daneben auch die bei kürzeren Wellenlängen liegende Absorption durch Anregung der π-Elektronen

Die genaue Lage des Absorptionsmaximums λ_{max} ist jeweils noch von der Umgebung des Chromophors im Molekül abhängig.
So verschieben z. B. die Alkylgruppen R, die der chromophoren Gruppe benachbart sind, die Absorption *bathochrom*, d. h. etwas nach längeren Wellen (siehe Tabelle 22).

Tabelle 22: Bathochromer Effekt von Alkylgruppen

substituiertes Olefin	λ_{max} [nm]
$R_2C=CH_2$ (R,R / H,H)	185—189
$R_2C=CHR$ (R,R / R,H)	192—195
$R_2C=CR_2$ (R,R / R,R)	196

Häufig befinden sich im gleichen Molekül mehrere chromophore Gruppen.

Sind zwei Chromophore durch mindestens zwei Einfachbindungen getrennt (z. B. die isolierten Doppelbindungen im Pentadien-(1.4) $CH_2=CH-CH_2-CH=CH_2$), so bleibt die Absorptionswellenlänge gegenüber der eines einzelnen Chromophors unverändert, aber die Extinktion wird vervielfacht.

Sind mehrere, mindestens aber zwei Chromophore, nur durch je eine Einfachbindung voneinander getrennt (z. B. die Doppelbindungen in den konjugierten Systemen Butadien-(1.3) $CH_2=CH-CH=CH_2$ oder dem α,β-ungesättigten Keton $CH_3=CH-C=O$), so können die Elektronen in Wechselwirkung treten, und dies
$\phantom{CH_3=CH-C=O),\ \text{so können die Elektronen in We}}|$
$\phantom{CH_3=CH-C=O),\ \text{so können die Elektronen in W}}CH_3$
bewirkt eine bathochrome Verschiebung der Absorptionsbanden:

	λ_{max}[nm]
$CH_2=CH-CH=CH_2$	217
$CH_2=CH-C=O$ $|$ CH_3	219, 320

Viele Aromaten (z. B. Benzol, Naphthalin) und Heteroaromaten (z. B. Pyridin, Chinolin) besitzen, in Abhängigkeit von Ausdehnung und Anordnung des jeweiligen π-Elektronensystems, UV-Spektren mit einem für den entsprechenden Grundkörper charakteristischen Gesamtbild.

Dadurch ist es z. B. möglich, verschiedene Vertreter des gleichen aromatischen Grundgerüstes (siehe Bild 36), d. h. der gleichen Chromophoranordnung, an Hand ihrer annähernd identischen UV-Spektren (Bandenlage, -intensität) zu erkennen und damit Strukturzuordnungen durchzuführen.

Die Aufnahme der UVS-Spektren von festen oder flüssigen organischen Substanzen erfolgt im allgemeinen an 10^{-2} bis 10^{-6}-molaren Lösungen, und als ideale Lösungsmittel bieten sich die Kohlenwasserstoffe Hexan, Heptan und Cyclohexan an, die selbst erst unterhalb ca. 150 nm absorbieren.

7.2.2. Auswertung von UVS-Spektren

Bei der Aufnahme des Spektrums ermittelt das Spektrometer den Wert des Quotienten $\frac{I_0}{I}$. Moderne Geräte nehmen außerdem die Logarithmierung dieses Quotienten vor, d. h., sie zeichnen Spektren auf, in denen die Extinktion E linear gegen die Wellenlänge λ bzw. die Wellenzahl $\bar{\nu}$ aufgetragen ist (Bild 37a). Um ein von der molaren Konzentration c der im Spektrometer vermessenen Substanzlösung unabhängiges, d. h. bezüglich der Absorptionsintensität *substanzspezifisches Spektrum* zu er-

7.2. UVS-Spektroskopie

halten, muß es mit Hilfe des LAMBERT-BEERschen Gesetzes (7.1.2) punktweise so umgezeichnet werden, daß $lg\ \varepsilon$ bzw. ε als Funktion von λ oder $\bar{\nu}$ (siehe Kontrollfrage 2) dargestellt sind (vgl. Bild 37b).

Es soll unseren Genauigkeitsanforderungen genügen, wenn als Umzeichnungspunkte die Maxima und Minima des Spektrums (siehe Bild 37a und b) herangezogen werden. Nur wenn diese Punkte sehr weit voneinander entfernt sind, wählt man einen oder zwei weitere Umrechnungspunkte P (Bild 37a und b). Für jeden gewählten Punkt werden E und λ abgelesen, E wird in $lg\ \varepsilon$ umgerechnet, und dann wird $lg\ \varepsilon$ gegen λ aufgetragen. Durch Verbinden der einzelnen Umrechnungspunkte entsteht dann das *umgezeichnete Spektrum* (Bild 37b).

Oft unterscheiden sich die Absorptionsintensitäten verschiedener Banden des gleichen Spektrums um Größenordnungen voneinander. Um aber alle Banden des Spektrums (z. B. die schwache Bande Max. 3 in Bild 37a) genügend genau zu erfassen,

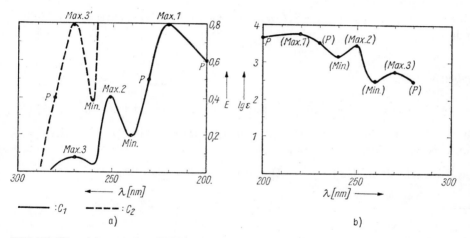

Bild 37 Umzeichnung eines UV-Spektrums

ist es unumgänglich, für eine Substanz mehrere Extinktionskurven verschiedener molarer Konzentrationen (z. B. Bild 37a, Bande Max. 3' mit zehnfacher molarer Konzentration) aufzunehmen.

Wenn demnach das für die Umzeichnung vorgesehene Originalspektrum mehrere übereinanderliegende, verschiedenen Konzentrationen entsprechende Kurvenzüge aufweist, sind die Umrechnungspunkte so auszuwählen, daß sie nicht bei Extinktionswerten von $E < 0{,}1$ liegen. In Bild 37a würde man also zur Berechnung des $lg\ \varepsilon$-Wertes der langwelligsten Absorption den Punkt Max. 3' (Konzentration C_2, gestrichelte Kurve) und nicht Max. 3 (Konzentration C_1, durchgezogene Kurve) heranziehen.

Nach der Umzeichnung des UVS-Spektrums kann die eigentliche Auswertung beginnen. Es sei aber an dieser Stelle ausdrücklich betont, daß die Diskussion beliebiger

UVS-Spektren umfangreiche theoretische Kenntnisse und praktische Erfahrungen voraussetzt.

Die folgenden einfachen Übungen Ü$_{60}$—Ü$_{67}$ basieren deshalb nur auf den Kenntnissen, die in Kapitel 7.2.1. vermittelt wurden und sollten an der jeweiligen Ausbildungseinrichtung durch andere, auf die Forschungsthematik bezogene Beispiele ergänzt oder ersetzt werden.

Ü$_{60}$–
Ü$_{67}$

7.2.3. Übungen zur UVS-Spektroskopie

Ü$_{60}$

Ü$_{60}$. Im Anilin fungiert neben dem Benzolring mit seinen π-Elektronen auch das freie Elektronenpaar des Stickstoffs als Chromophor. Beide Chromophore stehen außerdem in Konjugation zueinander.

Durch Salzbildung in verdünnter Schwefelsäure wird das UV-Spektrum des Anilins verändert.

Aufgaben

1. Das Originalspektrum des Anilins (siehe Bild 38) ist umzuzeichnen in $\lg \varepsilon = f(\lambda)$.
2. Anschließend ist das umgezeichnete Anilinspektrum mit dem Spektrum des Aniliniumions (siehe Bild 39) zu vergleichen.
3. Die Unterschiede in der Lage der Hauptbanden sind zu deuten.

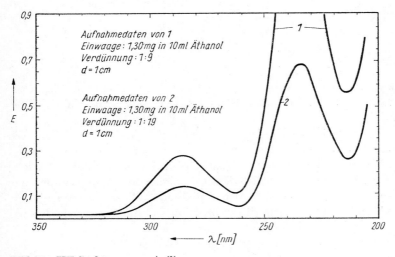

Bild 38   UV-Spektrum von Anilin

7.2. UVS-Spektroskopie

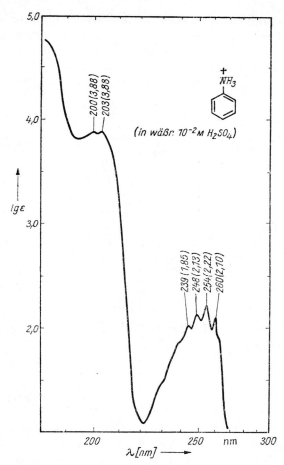

Bild 39 UV-Spektrum des Aniliniumions

Ü$_{61}$. Wie in Kapitel 7.2.1. ausgeführt wurde, ist die C=C-Doppelbindung einer der wichtigsten Chromophore.
Ein kompliziertes Abwandlungsprodukt A (UV-Spektrum siehe Bild 40) eines Naturstoffes aus der Klasse der Steroide, das zwei derartige Doppelbindungen besitzt, soll strukturell endgültig aufgeklärt werden.
Zur Diskussion stehen die Strukturen I und II.

In beiden Verbindungen haben die Doppelbindungen eine charakteristische Stellung zueinander, die auch entsprechend unterschiedliches Absorptionsverhalten erwarten läßt.

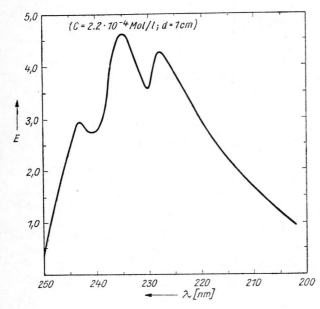

Bild 40 UV-Spektrum von A (in Äthanol)

Aufgaben

1. Das Elektronenspektrum der Verbindung A ist umzuzeichnen auf $\lg \varepsilon = f(\lambda)$.
2. Es ist zu überlegen, bei welcher Wellenlänge im Spektrum der Struktur I die intensivste Absorption liegen müßte. Für die Abschätzung des Spektrums von II ist zum Vergleich die Absorptionskurve einer hinsichtlich der C=C-Chromophore ähnlichen Verbindung, des Bis-(cyclohexenyls-1) (III) angegeben (allerdings wellenzahlenlinear!). (Bild 41.)

Weitere Beispiele für die Lage der intensivsten Absorptionsbande (λ_{max}) von Verbindungen, die mit II und III hinsichtlich der Lage der Doppelbindungen verwandt sind:

	λ_{max} [nm]
$CH_2=\overset{CH_3}{\underset{|}{C}}-CH=CH_2$	220
cyclohexenyl=CH-CH=CH$_2$	236
cyclohexadien	256
decalin-Derivat	234

7.2. UVS-Spektroskopie

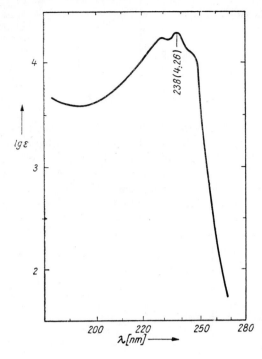

Bild 41 UV-Spektrum von *III* (in Heptan)

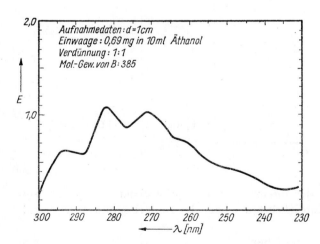

Bild 42 UV-Spektrum von *B* (in Äthanol)

3. Durch Vergleich des umgezeichneten Spektrums von *A* mit den für *I* bzw. *II* zu erwartenden Absorptionen ist zu entscheiden, ob *A* die Struktur *I* oder *II* besitzt.

Ü$_{62}$. Zwei Kohlenstoffdoppelbindungen sind auch in dem Abwandlungsprodukt *B* (UV-Spektrum siehe Bild 42) eines Naturstoffes als Chromophore vorhanden.

Für *B* stehen die Strukturen *I* und *II* zur Diskussion:

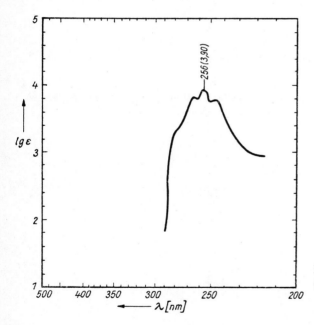

Die Doppelbindungen in *I* und *II* haben charakteristische Stellungen zueinander, die auch ein entsprechend unterschiedliches Absorptionsverhalten erwarten lassen. Die Hydroxylgruppen werden bei diesen Betrachtungen nicht berücksichtigt.
Für die Abschätzung des Spektrums von *I* ist zum Vergleich die Absorptionskurve einer hinsichtlich der C=C-Chromophore ähnlichen Verbindung, des Cyclohexadiens-(1.3) (*III*) angegeben (allerdings wellenzahllinear!). (Bild 43.)

Bild 43 UV-Spektrum von *III* (in Hexan)

Weitere Beispiele für die Lage der intensivsten Absorptionsbande (λ_{max}) von Verbindungen, die mit *I* bzw. *III* hinsichtlich der Lage der Doppelbindungen verwandt sind:

7.2. UVS-Spektroskopie

Aufgaben

1. Das Elektronenspektrum der Verbindung B ist umzuzeichnen in $\lg \varepsilon = f(\lambda)$.
2. Es ist zu überlegen, bei welcher Wellenlänge im Spektrum der Struktur II die intensivste Absorption liegen müßte.
3. Durch Vergleich des umgezeichneten Spektrums von B mit den für I bzw. II zu erwartenden Absorptionen ist zu entscheiden, ob B die Struktur I oder II besitzt.

$Ü_{63}$. In einem cyclischen, einfach ungesättigten Keton C soll die genaue Lage der Doppelbindung festgestellt werden.
Als mögliche Strukturen stehen I und II zur Diskussion, die jeweils eine charakteristische Lage der beiden für das UV-Spektrum wichtigen Chromophore ($-C=C-$ und $\rangle C=O$) zueinander ausweisen.

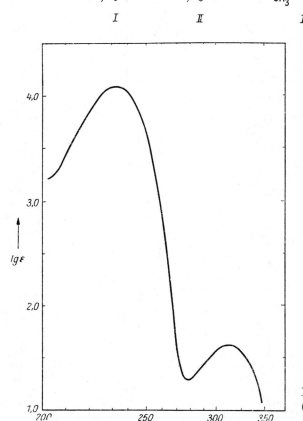

Bild 44 UV-Spektrum von C (in Äthanol)

Zur endgültigen Aufklärung liegt neben dem *bereits umgezeichneten Spektrum* von *C* (allerdings wellenzahlenlinear, Bild 44) das von einem Spektrometer aufgenommene Originalspektrum von 4-Methyl-penten-(3)-on-(2) (Mesityloxid, *III*, siehe Bild 45) vor, das in der Anordnung der Chromophore der Struktur *I* entspricht.

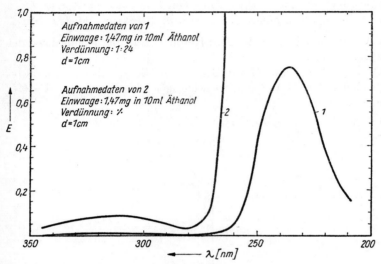

Bild 45 UV-Spektrum von Mesityloxid (*III*)

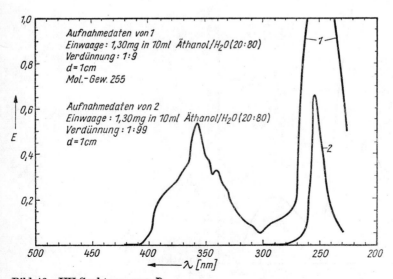

Bild 46 UV-Spektrum von *D*

7.2. UVS-Spektroskopie

Aufgaben

1. Das UV-Spektrum von *III* ist umzuzeichnen in $\lg \varepsilon = f(\lambda)$.
2. Die für die Strukturen *I* bzw. *II* zu erwartenden Absorptionen sind zu überlegen. Als Vergleichsbasis für das Absorptionsverhalten von *I* dient das nach Aufgabe 1. umgezeichnete Spektrum von *III*.
3. Durch Vergleich des vorliegenden Spektrums von *C* mit den für *I* bzw. *II* zu erwartenden Absorptionen ist zu entscheiden, ob *C* die Struktur *I* oder *II* besitzt.

$Ü_{64}$. Von einer heterocyclischen Verbindung *D* ist bekannt, daß sie entweder ein substituiertes Acridin oder Phenanthridin darstellt. Da die Stammverbindungen der beiden heterocyclischen Substanzklassen jeweils charakteristische Bandenstrukturen aufweisen, sollte die Zugehörigkeit von *D* zu einer der beiden Reihen durch Spektrenvergleiche ermittelbar sein.

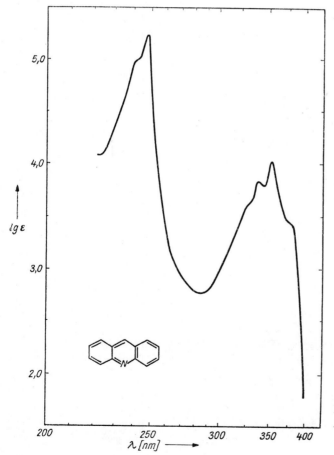

Bild 47 UV-Spektrum von Acridin (in Äthanol)

Aufgaben

1. Das Originalspektrum von D (siehe Bild 46) ist umzuzeichnen in $\lg \varepsilon = f(\lambda)$.
2. Durch Vergleich des Spektrums von D (hinsichtlich Lage und Intensität der Absorptionsbanden) mit den vorliegenden, *wellenzahlenlinearen* Spektren des Acridins (Bild 47) und des Phenanthridins (Bild 48) soll entschieden werden, zu welchem der beiden Heterocyclentypen die unbekannte Verbindung D gehört.

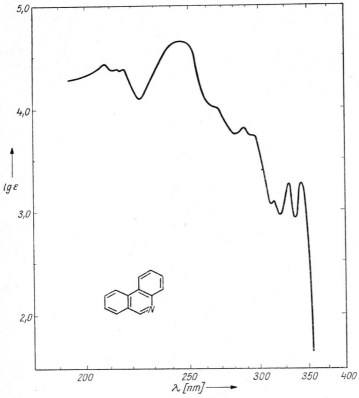

Bild 48   UV-Spektrum von Phenanthridin (in Äthanol)

Ü₆₅. Eine heterocyclische Verbindung E besitzt laut elementaranalytischer und Molekulargewichtsbestimmung die Summenformel $C_8H_5ClN_2$. Als Grundgerüst liegt ihr eines der vier folgenden Diazanaphthaline zugrunde:

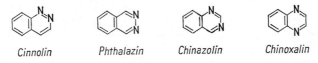

Cinnolin   Phthalazin   Chinazolin   Chinoxalin

7.2. UVS-Spektroskopie

Da die Stammverbindungen der vier Substanzklassen jeweils charakteristische Bandenstrukturen aufweisen, sollte die Zugehörigkeit von E zu einer der vier Reihen durch Spektrenvergleiche ermittelbar sein.

Aufgaben

1. Das Originalspektrum von E (siehe Bild 49) ist umzuzeichnen in $\lg \varepsilon = f(\lambda)$.

2. Durch Vergleich des Spektrums von E (hinsichtlich Lage und Intensität der Absorptionsbanden) mit den wellenzahlenlinearen Spektren der vier Diazanaphthaline (siehe Bilder 50 und 51) ist zu entscheiden, welchem Heterocyclentyp die unbekannte Verbindung E angehört.

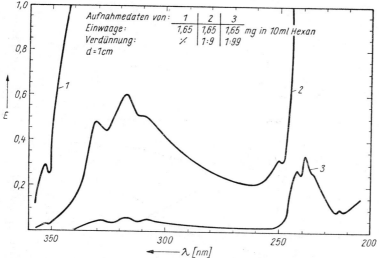

Bild 49   UV-Spektrum von E

$Ü_{66}$. Drei linear anellierte tricyclische Systeme sind durch die Formeln I, II und III dargestellt. Sie unterscheiden sich in ihren chromophoren Eigenschaften dadurch, daß in I das Benzolsystem, in II das Naphthalinsystem und in III das Anthracensystem die für das Elektronenspektrum maßgeblichen „Bausteine" sind. Wie aus den Spektren (siehe Bilder 52 und 53) ersichtlich, nimmt die Wellenlänge der längstwelligen Bande mit zunehmender Größe der Konjugation zu (bathochrome Verschiebung der längstwelligen Absorption von I zu III).

Außerdem bestehen gewisse Unterschiede im Gesamtbild der jeweiligen Spektren. Die Lage der längstwelligen Absorption gestattet unter Berücksichtigung des Gesamtbildes des Spektrums in vielen Fällen die Klärung, ob ein Benzol-, Naphthalin- oder Anthracensystem vorliegt.

164 7. UVS- und IR-Spektroskopie

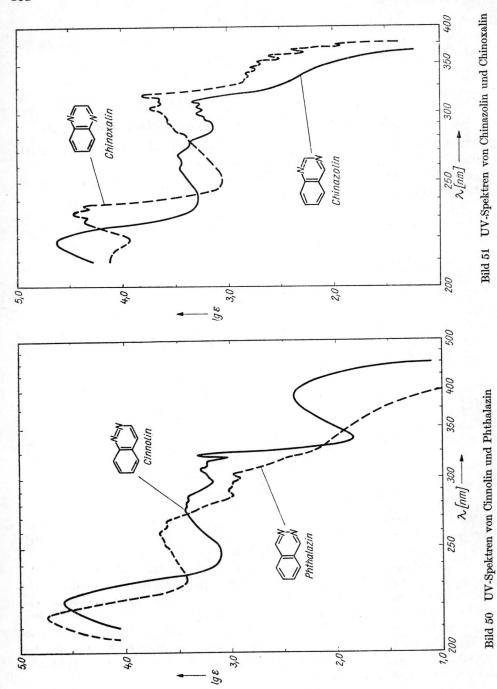

Bild 50 UV-Spektren von Cinnolin und Phthalazin

Bild 51 UV-Spektren von Chinazolin und Chinoxalin

7.2. UVS-Spektroskopie

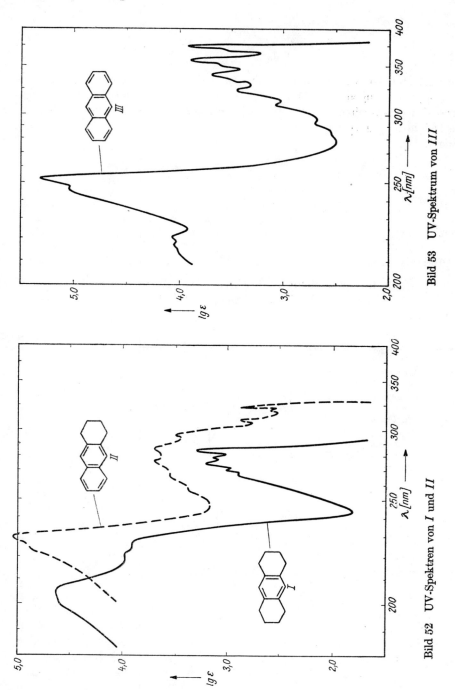

Bild 53 UV-Spektrum von III

Bild 52 UV-Spektren von I und II

166 7. UVS- und IR-Spektroskopie

I   II   III

In einen Vertreter der Struktur *I* (ein substituiertes *I*) sollten durch Dehydrierung weitere Doppelbindungen eingeführt werden. Durch Diskussion des Elektronenspektrums des entsprechenden Reaktionsproduktes *F* soll festgestellt werden, wie weit die Dehydrierung vorangeschritten ist oder ob der Versuch erfolglos war (vgl. Gleichung!).

$$\underset{F?}{\text{R}\text{R}} \xrightarrow[-2H_2]{(Kat.)} \underset{F?}{\text{R}\text{R}} \xrightarrow[-2H_2]{(Kat.)} \underset{F?}{\text{R}\text{R}}$$

Aufgaben

1. Das Originalspektrum von *F* (siehe Bild 54) ist umzuzeichnen in $\lg \varepsilon = f(\lambda)$!

2. Durch Vergleich des umgezeichneten Spektrums von *F* mit den Spektren von *I*, *II* und *III*, die wieder wellenzahlenlinear sind, ist zu entscheiden, ob und wie weit die Dehydrierung abgelaufen ist.

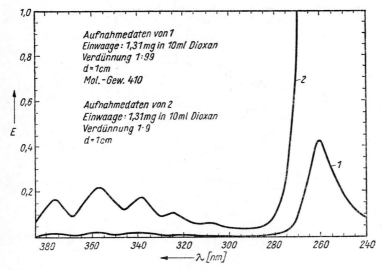

Bild 54 UV-Spektrum von *F*

Ü 67. Die Formel *I* stellt den tetracyclischen, vollkommen ungesättigten Kohlenwasserstoff Chrysen, die Formeln *II* bis *IV* teilweise hydrierte Chrysene dar. Alle Systeme unterscheiden sich charakteristisch in ihren für das Elektronenspektrum

7.2. UVS-Spektroskopie

entscheidenden Chromophoren; es liegen verschiedene Konjugationssysteme von C=C-Doppelbindungen vor. In IV ist z. B. das Naphthalinsystem zu erkennen.

I II III IV

Es ist ersichtlich, daß je nach Ausmaß der Konjugation die längstwellige Absorption, aber auch in gewissem Maße das Gesamtbild des Spektrums, unterschiedlich sind. Für eine unbekannte Substanz G soll die Zugehörigkeit zu einer der vier Typen und damit die Struktur des in ihr enthaltenen cyclischen Systems festgestellt werden.

Aufgaben

1. Das Originalspektrum von G (siehe Bild 55) ist umzuzeichnen in $\lg \varepsilon = f(\lambda)$.

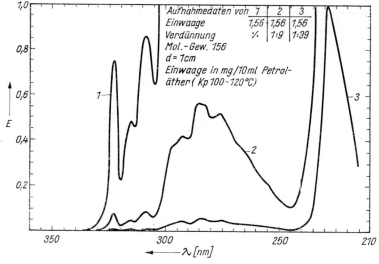

Bild 55   UV-Spektrum von G

2. Durch Vergleich des umgezeichneten Spektrums von G mit den Spektren von I bis IV (siehe Bilder 56—59, wellenzahlenlineare Darstellung) ist zu entscheiden, welchem der vier Typen die Verbindung G angehört.

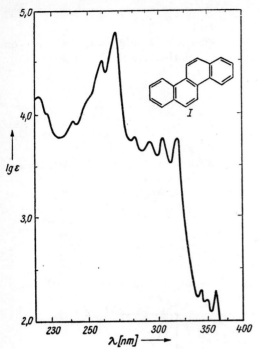

Bild 56　UV-Spektrum von *I*

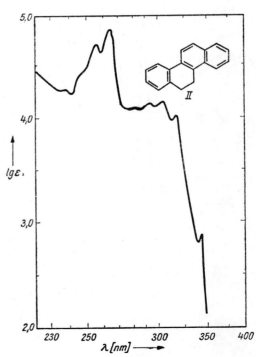

Bild 57　UV-Spektrum von *II*

Bild 58   UV-Spektrum von *III*

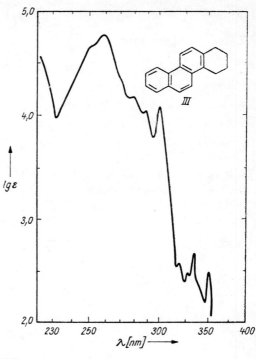

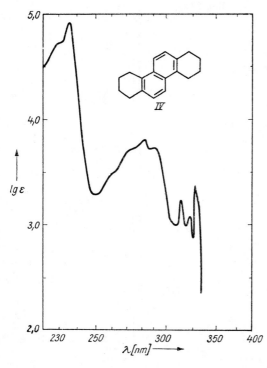

Bild 59   UV-Spektrum von *IV*

7.2.4. Lösungen

$Ü_{60}$. Für die Umzeichnung der Kurven in Bild 38 werden folgende molare Konzentrationen errechnet:

Kurve 1: $1{,}4 \cdot 10^{-4}$ mol/l,
Kurve 2: $0{,}7 \cdot 10^{-4}$ mol/l.

Die $\lg \varepsilon = f(\lambda)$-Kurve des Anilins wird in Bild 39 eingezeichnet, und es ergibt sich Bild 60.

Es ist zu erkennen, daß durch die Salzbildung am freien Elektronenpaar des Anilinstickstoffs die Gesamtkonjugation im Molekül verringert und dadurch eine hypsochrome Verschiebung der längstwelligen und auch der nächsten Benzolbande bewirkt wird.

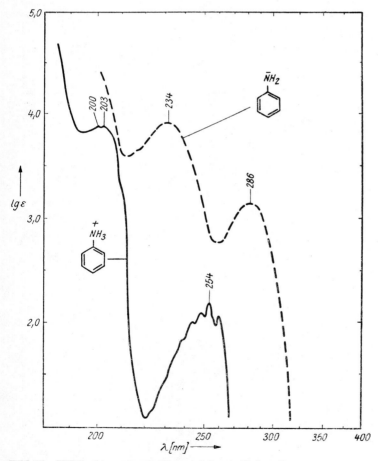

Bild 60 UV-Spektren des Anilins und des Anilinium-Ions

7.2. UVS-Spektroskopie

$Ü_{61}$. Die Umzeichnung des Spektrums aus Bild 40 ergibt eine Kurve, die der in Bild 61 gezeigten Kurve der Verbindung *III* (mit zwei konjugierten Doppelbindungen) weitgehend analog ist; demnach ist der Verbindung *A* (Cholestandien-(3.5)) die Struktur *II* zuzuordnen.

Die Struktur *I* müßte bei 180 bis 190 nm mit erhöhter Extinktion (zwei *isolierte* Doppelbindungen) absorbieren.

Für die Umzeichnung der Kurve in Bild 42 wird die folgende molare Konzentration errechnet:

$$c = 9 \cdot 10^{-5} \text{ mol/l}.$$

$Ü_{62}$. Es ergibt sich Bild 62, und da eine weitgehende Analogie zu *III* sowie den zahlenmäßig angegebenen weiteren Beispielen für konjugierte Diene festzustellen ist, kann der Verbindung *B* die Struktur *I* zugeordnet werden.

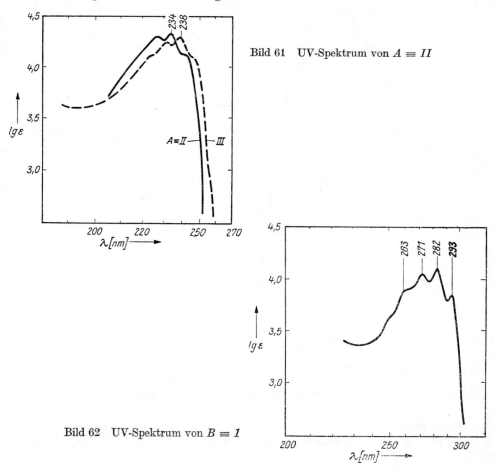

Bild 61   UV-Spektrum von $A \equiv II$

Bild 62   UV-Spektrum von $B \equiv I$

Struktur *II* müßte eine Absorption bei etwa 180 bis 190 nm mit erhöhter Extinktion (zwei *isolierte* Doppelbindungen) zeigen.

$Ü_{63}$. Für die Umzeichnung der Kurven in Bild 45 werden folgende molare Konzentrationen errechnet:

Kurve 1: $1,5 \cdot 10^{-3}$ mol/l,
Kurve 2: $6,0 \cdot 10^{-5}$ mol/l.

Bild 63 zeigt diese umgezeichneten Kurven des Mesityloxids (*III*) und der Verbindung *C*, die offensichtlich beide eine $\alpha\cdot\beta$-ungesättigte Carbonylgruppe enthalten. *C* ist demnach identisch mit *I* (Isophoron).

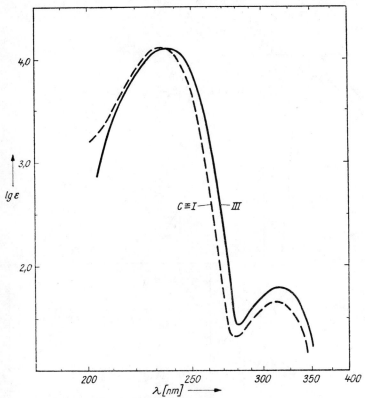

Bild 63   UV-Spektren von *III* und $C \equiv I$

Struktur *II* müßte durch folgende Banden charakterisiert sein:
175 bis 195 nm, intensiv; Anregung der π-Elektronen der Doppelbindung und der Carbonylgruppe;
270 bis 290 nm, schwach; Anregung der freien Elektronenpaare des Carbonylsauerstoffes.

7.2. UVS-Spektroskopie

Ü$_{64}$. Für die Umzeichnung der Kurven in Bild 46 werden folgende molare Konzentrationen errechnet:

Kurve 1: $5{,}1 \cdot 10^{-5}$ mol/l,
Kurve 2: $5{,}1 \cdot 10^{-6}$ mol/l.

Bild 64 zeigt das Spektrum der Verbindung D, und die Übereinstimmung mit der Kurve in Bild 47 läßt D als Acridinabkömmling erkennen.

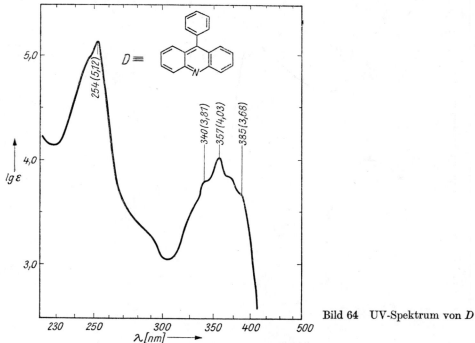

Bild 64 UV-Spektrum von D

Ü$_{65}$. Für die Umzeichnung der Kurven in Bild 49 werden folgende molare Konzentrationen errechnet:

Kurve 1: 10^{-3} mol/l,
Kurve 2: 10^{-4} mol/l,
Kurve 3: 10^{-5} mol/l.

Da die in Bild 65 dargestellte Kurve für E hinsichtlich Bandenlage und Intensität eine weitgehende Analogie zur Kurve des Chinoxalins in Bild 51 aufweist, ist das heterocyclische Grundgerüst zugeordnet.

Ü$_{66}$. Für die Umzeichnung der Kurven in Bild 54 werden folgende molare Konzentrationen errechnet:

Kurve 1: $3{,}2 \cdot 10^{-5}$ mol/l,
Kurve 2: $3{,}2 \cdot 10^{-6}$ mol/l.

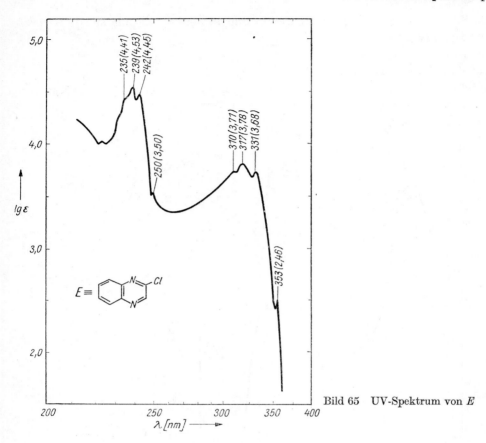

Bild 65 UV-Spektrum von E

Vergleicht man die Kurve in Bild 66 mit denen der Bilder 52 und 53, so ist leicht zu erkennen, daß die Dehydrierung vollständig verlaufen ist, d. h., daß F ein Anthracenderivat (Typ *III* in Bild 53) ist.

$Ü_{67}$. Für die Umzeichnung der Kurven in Bild 55 werden folgende molare Konzentrationen errechnet:

Kurve 1: 10^{-3} mol/l,
Kurve 2: 10^{-4} mol/l,
Kurve 3: 10^{-5} mol/l.

Auch hier kann durch Vergleich der Kurve in Bild 67 mit denen der Bilder 56 bis 59 das Grundgerüst zugeordnet werden.
Die Verbindung G gehört demnach zur Klasse der Naphthaline (Typ *IV*, Bild 59).

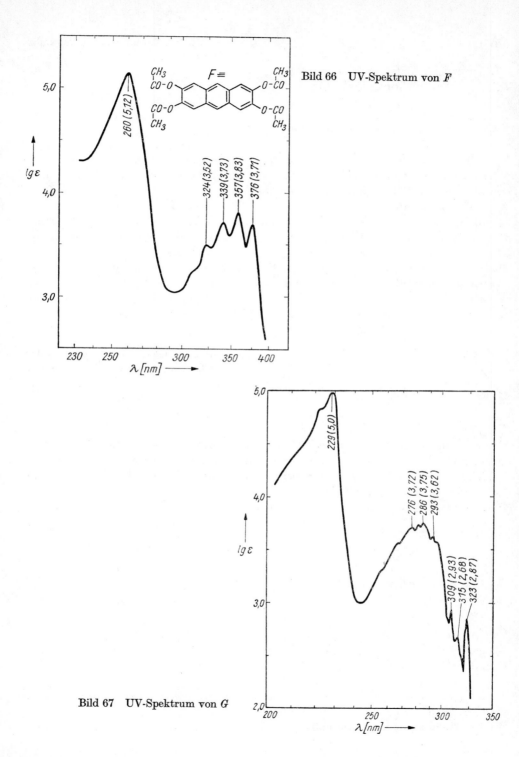

Bild 66 UV-Spektrum von F

Bild 67 UV-Spektrum von G

7.3. IR-Spektroskopie

7.3.1. Theoretische Grundlagen

Mit Hilfe der Infrarotspektroskopie werden im allgemeinen die Absorptionseigenschaften von Substanzen untersucht, die mit Licht der Wellenzahlen 400 bis 4000 cm^{-1} (d. h. der Wellenlänge 25 bis 2,5 μm) bestrahlt werden.
Aus Bild 34, Kapitel 7.1., ist zu entnehmen, daß der Gesamtbereich der infraroten Strahlung wesentlich umfangreicher ist und daß in dem oben genannten Frequenzbereich die Energie des absorbierten Lichtes zur Anregung von Molekülschwingungen dient.
Die Schwingungen in einem beliebigen Molekül werden eingeteilt in *Valenzschwingungen* (die eine Bindung begrenzenden Atome bewegen sich unter periodischer Änderung ihrer Atomabstände) und *Deformationsschwingungen* (unter periodischer Änderung der Valenzwinkel), die man am Beispiel des Wassermoleküls folgendermaßen erläutern kann (Bild 68):

Bild 68 Schematische Darstellung der durch IR-Strahlung angeregten Schwingungen des Wassermoleküls
(*a* zwei Valenzschwingungen,
b eine Deformationsschwingung)

Die von einem Spektrometer registrierten IR-Spektren weisen mehr oder weniger verbreiterte Absorptionsbanden auf — wie dies in allerdings wesentlich stärkerem Umfang bei der UVS-Spektroskopie beobachtet wird —, da die Schwingungen durch Rotationen überlagert sind („*Rotations-Schwingungs-Spektren*").
Bild 69 zeigt als Beispiel das IR-Spektrum von Octanol-(2).

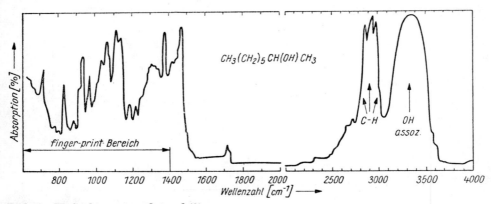

Bild 69 IR-Spektrum von Octanol-(2)

7.3. IR-Spektroskopie

Die große praktische Bedeutung der IR-Spektroskopie ergibt sich u. a. aus der Tatsache, daß bestimmte funktionelle Gruppen organischer Substanzen von ganz bestimmten, annähernd gleichbleibenden Frequenzen des eingestrahlten infraroten Lichtes zur Schwingung angeregt werden.
In Tabelle 23 ist die Lage einiger dieser *charakteristischen Gruppenfrequenzen* angegeben.

7.3.2. Einfache Anwendungen der IR-Spektroskopie

Als Teil der Strukturaufklärung einer unbekannten organischen Substanz kann man mit Hilfe der im IR-Spektrum nachgewiesenen charakteristischen Gruppenfrequenzen mit weitgehender Sicherheit auf vorhandene funktionelle Gruppen und Strukturelemente (siehe Tabelle 23) schließen.
Im IR-Spektrum von Octanol-(2) (Bild 69) erkennt man bei etwa 3350 cm^{-1} eine sehr breite, intensive Bande, die der über Wasserstoffbrücken assoziierten Hydroxylgruppe entspricht. Die Banden zwischen 2860 und 2970 cm^{-1} sind durch die CH-Valenzschwingung der —CH$_3$-, $>$CH$_2$- und $>$CH-Gruppen entstanden.
Zahlreiche andere Absorptionsbanden des Spektrums lassen sich mit Hilfe ausführlicher Tabellen- und Nachschlagewerke, die dem forschenden Chemiker zur Verfügung stehen, ebenfalls zuordnen.
Außer bei sehr einfachen Molekülen bleibt aber meist eine große Zahl von Banden des Spektrums ungedeutet.
Neben der Feststellung bestimmter Atomgruppen anhand der charakteristischen Gruppenfrequenzen ermöglicht das IR-Spektrum eine *exakte Identitätsprüfung* zweier Substanzen. Zwei organische Substanzen sind identisch, wenn ihre IR-Spektren völlig übereinstimmen. Besonders ist dabei auf die Übereinstimmung im bandenreichen Gebiet von 700 bis 1400 cm^{-1}, dem „*fingerprint*"-Bereich, zu achten!
Bei der Lösung eines Strukturproblems mit Hilfe eines IR-Spektrums kommt es meist lediglich auf die Lage der charakteristischen Banden und ihre qualitativ ermittelte Intensität (schwach, mittel, stark) an. Es erübrigt sich dann — im Gegensatz zur UVS-Spektroskopie —, die genaue molare Konzentration und die Schichtdicke der untersuchten Probe zu bestimmen.
Mit Hilfe der Infrarotspektroskopie lassen sich feste Substanzen (als KBr-Preßlinge oder in Lösung), Flüssigkeiten (in geeigneten Küvetten) und Gase vermessen.

7.3.3. Übungen zur IR-Spektroskopie

Ü$_{68}$

Ü$_{85}$

Ü$_{68}$

Ü$_{68}$. Von einer organischen Verbindung mit der Summenformel C$_{12}$H$_{11}$N soll die Struktur festgelegt werden. Folgende Möglichkeiten sind in Betracht zu ziehen:

〈◯〉—NH—〈◯〉   〈◯〉—〈◯〉—NH$_2$

Mit Hilfe des IR-Spektrums (Bild 70) der Verbindung und unter Verwendung der Tabelle der charakteristischen Gruppenfrequenzen ist zwischen den beiden Alter-

Tabelle 23: Charakteristische Gruppenfrequenzen im IR

Gruppe	Schwingungstyp	Wellenzahl [cm^{-1}]	Intensität	Form der Bande
—O—H (in Alkoholen, Phenolen, Carbonsäuren) frei	Valenzschwingung	3500—3650	variabel	scharf
assoziiert (intermolekular, polymer)	Valenzschwingung	3200—3400	variabel	breit
—NH$_2$ (in primären Aminen) frei	Valenzschwingung	ca. 3400 und ca. 3500	mittel	2 scharfe Banden
$>$NH (in sec. Aminen) frei	Valenzschwingung	3300—3500	mittel	scharf
—NH$_2$, $>$NH assoz.	Valenzschwingung	3100—3400	mittel	breit
≡C—H (in Alkinen)	Valenzschwingung	3280—3340	stark	scharf
=C—H (in Alkenen u. Aromaten)	Valenzschwingung	3000—3100	variabel	scharf
$>$C—H (in Alkanen, Alkylgruppen)	Valenzschwingung	2700—3000	variabel, oft stark	scharf
—CH$_2$— u. —CH$_3$				2 Banden
—C≡N (in Nitrilen)	Valenzschwingung	2210—2260	variabel	scharf
—C≡C— (in Alkinen)	Valenzschwingung	2100—2260	variabel	scharf
$>$C=O (in Aldehyden, Ketonen, Säuren, Säurederivaten)	Valenzschwingung	1630—1800	stark	scharf
$>$C=C$<$ (in Alkenen u. Aromaten)	Valenzschwingung	1590—1680	stark	scharf
—NO$_2$ (in Nitroverbindungen)	Valenzschwingung	1500—1600	stark	scharf
$>$C—Cl (organ. Chlor- u. Bromverbindungen)	Valenzschwingung	600—780	stark	scharf
$>$C—Br	Valenzschwingung	$<$ 750	stark	scharf
Substituierte Benzolringe[1]): mono-	Deformationsschwingung	730—770 690—710	stark stark	2 scharfe Banden
ortho-di-	Deformationsschwingung	735—770	stark	scharf

[1]) Neben den hier angeführten Banden gibt es weitere, vom Substitutionstyp des Benzolrings abhängige Absorptionen im IR-Bereich. Erst die gemeinsame Betrachtung aller dieser Absorptionen läßt genaue Aussagen über die Anzahl und Stellung der Substituenten zu.

7.3. IR-Spektroskopie

Fortsetzung Tabelle 23

Gruppe	Schwingungstyp	Wellenzahl [cm^{-1}]	Intensität	Form der Bande
Substituierte Benzolringe: meta-di-	Deformations- schwingung	860—900 750—810 680—725	mittel stark mittel	3 scharfe Banden
para-di-	Deformations- schwingung	800—860	stark	scharf
1.2.3-tri-	Deformations- schwingung	750—810 680—725	stark mittel	2 scharfe Banden
1.2.4-tri-	Deformations- schwingung	860—900 800—860	mittel stark	2 scharfe Banden
1.3.5-tri-	Deformations- schwingung	810—865 690—730	stark stark	2 scharfe Banden

nativstrukturen zu unterscheiden. Darüber hinaus notiert man sich alle Banden des Spektrums, die sich mit Hilfe der Tabelle 23 deuten lassen, und zwar hinsichtlich Lage der Bande (in cm^{-1}), Intensität (stark, mittel, schwach) und Form (scharf; breit durch Assoziation).

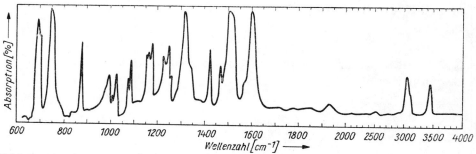

Bild 70   IR-Spektrum für $Ü_{68}$

(entnommen aus SIMON-CLERC, Strukturaufklärung organischer Verbindungen mit spektroskopischen Methoden, Akademische Verlagsgesellschaft, Frankfurt/Main)

Die rationellen Namen (Genfer Nomenklatur) der beiden oben formulierten Substanzen sind aufzuschreiben.

$Ü_{69}$. Eine organische Verbindung besitzt die Summenformel $C_6H_4BrNO_2$. Für ihre Strukturformel kommen drei Möglichkeiten in Betracht:

12*

7. UVS- und IR-Spektroskopie

Unter Verwendung der Tabelle 23 sind möglichst viele Banden des IR-Spektrums (Bild 71) zu deuten.

Man notiere sich neben der charakteristischen Gruppe die Bandenlage (in cm^{-1}), Intensität (stark, mittel, schwach) und Form (scharf, unscharf, breit).

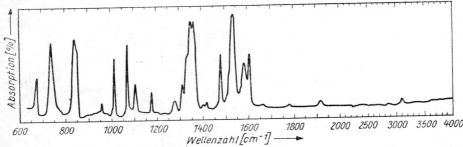

Bild 71 IR-Spektrum für Ü$_{69}$ (entnommen aus Simon-Clerc, Strukturaufklärung organischer Verbindungen mit spektroskopischen Methoden, Akademische Verlagsgesellschaft, Frankfurt/Main)

Eine der drei formulierten Substanzen ist auf Grund des IR-Spektrums auszuwählen und nach der Genfer Nomenklatur zu bezeichnen.

Ü$_{70}$. Durch Kolbesche Nitrilsynthese wurde versucht, folgende Reaktion zu realisieren:

$$Cl-CH_2-COOC_2H_5 + NaCN \longrightarrow CN-CH_2-COOC_2H_5 + NaCl$$

Anhand des IR-Spektrums (Bild 72) des Reaktionsproduktes soll kontrolliert werden, ob die Synthese erfolgreich verlief.

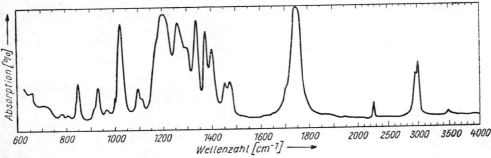

Bild 72 IR-Spektrum für Ü$_{70}$ (entnommen aus Simon-Clerc, Strukturaufklärung organischer Verbindungen mit spektroskopischen Methoden, Akademische Verlagsgesellschaft, Frankfurt/Main)

Das IR-Spektrum des isolierten Produktes ist unter Verwendung der Tabelle 23 mit dem Ziel zu analysieren, eine Entscheidung zwischen Gelingen oder Nichtgelingen der Reaktion (Vorliegen der organischen Ausgangsverbindung) herbeizuführen.

7.3. IR-Spektroskopie

Gleichzeitig sollen möglichst viele Banden des Spektrums gedeutet werden. Man notiere neben chemischer Gruppe die Bandenlage (in cm^{-1}), Intensität (stark, mittel, schwach) und Form (scharf, unscharf, breit).
Die Struktur, die dem Spektrum entspricht, ist zu bezeichnen (Genfer Nomenklatur oder Trivialname).

$Ü_{71}$. Furfurylalkohol (A) wurde der katalytischen Hydrierung unterworfen. Nach folgender Gleichung sollte Tetrahydrofurfurylalkohol (B) entstehen:

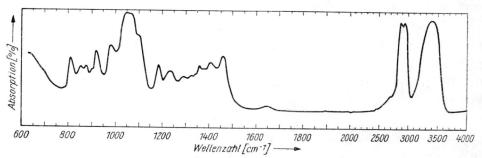

Das IR-Spektrum (Bild 73) des isolierten Produktes ist unter Verwendung der Tabelle 23 mit dem Ziel zu sichten, eine Entscheidung zwischen Gelingen oder Nichtgelingen der Reaktion herbeizuführen.

Bild 73 IR-Spektrum für $Ü_{71}$ (entnommen aus SIMON-CLERC, Strukturaufklärung organischer Verbindungen mit spektroskopischen Methoden, Akademische Verlagsgesellschaft, Frankfurt/Main)

Gleichzeitig sollen möglichst viele Banden des Spektrums gedeutet werden. Man notiere neben chemischer Gruppe jeweils Bandenlage (in cm^{-1}), Intensität (stark, mittel, schwach) und Form (scharf, unscharf, breit).

$Ü_{72}$. m-Nitrobenzoesäure wird mit Äthanol zum entsprechenden Ester umgesetzt. Auf spektroskopischem Wege soll nun das Ergebnis der Reaktion gesichert werden.
Die Reaktionsgleichung für die Veresterung von m-Nitrobenzoesäure mit Äthanol ist zu formulieren!
Das IR-Spektrum (Bild 74) des nach der Reaktion isolierten Produktes ist unter Verwendung der Tabelle 23 mit dem Ziel zu sichten, eine Entscheidung zwischen Gelingen oder Nichtgelingen der Reaktion herbeizuführen.
Gleichzeitig notiere man sich sämtliche Banden des Spektrums, die gedeutet werden können, hinsichtlich chemischer Gruppe, Bandenlage (in cm^{-1}), Intensität (stark, mittel, schwach) und Form (scharf, unscharf, breit).

182 7. UVS- und IR-Spektroskopie

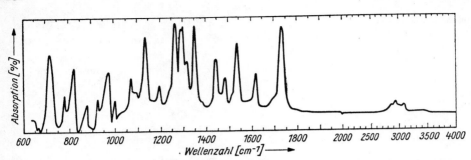

Bild 74 IR-Spektrum für Ü$_{72}$ (entnommen aus SIMON-CLERC, Strukturaufklärung organischer Verbindungen mit spektroskopischen Methoden, Akademische Verlagsgesellschaft, Frankfurt/Main)

Ü$_{73}$. Ü$_{73}$. Nach einem bekannten Verfahren wurde versucht, das 3-Nitropyridin (A) zum 3-Aminopyridin (B) zu reduzieren. Der Erfolg der Reaktion soll auf spektroskopischem Wege geprüft werden.

$$\underset{A}{\text{Pyridin-NO}_2} + 3H_2 \longrightarrow \underset{B}{\text{Pyridin-NH}_2} + 2H_2O$$

Das IR-Spektrum (Bild 75) des nach der Reaktion isolierten Produktes ist unter Verwendung der Tabelle 23 mit dem Ziel zu sichten, eine Entscheidung zwischen Gelingen oder Nichtgelingen der Reaktion herbeizuführen.

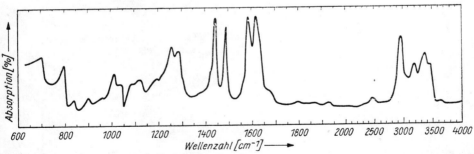

Bild 75 IR-Spektrum für Ü$_{73}$ (entnommen aus SIMON-CLERC, Strukturaufklärung organischer Verbindungen mit spektroskopischen Methoden, Akademische Verlagsgesellschaft, Frankfurt/Main)

Gleichzeitig notiere man sich sämtliche Banden des Spektrums, die gedeutet werden können, hinsichtlich chemischer Gruppe, Bandenlage (in cm^{-1}), Intensität (stark, mittel, schwach) und Form (scharf, unscharf, breit).

Ü$_{74}$. Ü$_{74}$. Unter Verwendung der Tabelle 23 überlege man, durch welche charakteristischen Unterschiede sich die IR-Spektren innerhalb folgender Gruppen von Verbindungen

7.3. IR-Spektroskopie

auszeichnen werden:

CH_3-O-CH_3 ; CH_3-CH_2-OH

$CH_3-CH_2-CH_2-NH_2$; $CH_3-CH_2-NH-CH_3$; $(CH_3)_3N$

[o-Xylol] ; [1,2-Dimethylcyclohexan]

Die formulierten Strukturen sind zu bezeichnen.

Ü$_{75}$. Von einer organischen Verbindung mit der Summenformel $C_{14}H_{12}$ soll die Struktur festgelegt werden. Nach verschiedenen chemischen Vorprüfungen stehen noch folgende zwei Möglichkeiten zur Diskussion:

Anhand des IR-Spektrums (Bild 76) und unter Verwendung der Tabelle 23 ist zwischen den zwei Alternativstrukturen zu entscheiden.
Gleichzeitig notiere man sich sämtliche Banden des Spektrums, die gedeutet werden können, hinsichtlich chemischer Gruppe, Bandenlage (in cm^{-1}), Intensität (stark, mittel, schwach) und Form (scharf, unscharf, breit).

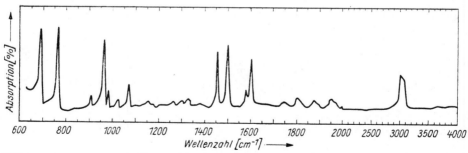

Bild 76 IR-Spektrum für Ü$_{75}$ (entnommen aus SIMON-CLERC, Strukturaufklärung organischer Verbindungen mit spektroskopischen Methoden, Akademische Verlagsgesellschaft, Frankfurt/Main)

Ü$_{76}$. Im Rahmen einer Reihe von Dehydrierungsversuchen wurde auch das Methylcyclopentan untersucht. Bei erfolgreicher Dehydrierung ist eine ganze Reihe von

Reaktionsprodukten zu erwarten, z. B.:

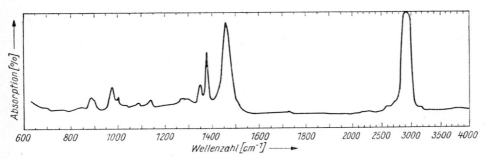

Nach der ersten Dehydrierung wurde von der isolierten organischen Substanz ein IR-Spektrum (Bild 77) angefertigt.
Anhand des Spektrums und unter Verwendung der Tabelle 23 ist der Erfolg des Dehydrierungsversuches zu ermitteln.

Bild 77 IR-Spektrum für $\ddot{U}_{76}$ (entnommen aus SIMON-CLERC, Strukturaufklärung organischer Verbindungen mit spektroskopischen Methoden, Akademische Verlagsgesellschaft, Frankfurt/Main)

Gleichzeitig notiere man sich die Bande(n) des Spektrums, die gedeutet werden konnten, hinsichtlich chemischer Gruppe, Bandenlage (in cm^{-1}), Intensität (stark, mittel, schwach) und Form (scharf, unscharf, breit).
Die möglichen Dehydrierungsprodukte $I-IV$ sind zu bezeichnen (Genfer Nomenklatur).

$\ddot{U}_{77}$. Von einer Substanz ist bekannt, daß sie ein Acetophenonabkömmling ist. Außerdem besitzt die Substanz eine Aminogruppe.
Damit ergeben sich folgende Strukturmöglichkeiten:

Anhand des IR-Spektrums (Bild 78) und unter Verwendung der Tabelle 23 ist zwischen den vier Alternativstrukturen zu entscheiden.
Gleichzeitig notiere man sich sämtliche Banden des Spektrums, die gedeutet werden können, hinsichtlich chemischer Gruppe, Bandenlage (in cm^{-1}), Intensität (stark, mittel, schwach) und Form (scharf, unscharf, breit).

7.3. IR-Spektroskopie

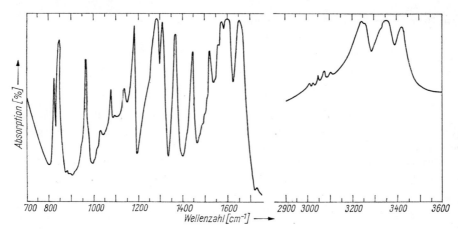

Bild 78   IR-Spektrum für Ü$_{77}$

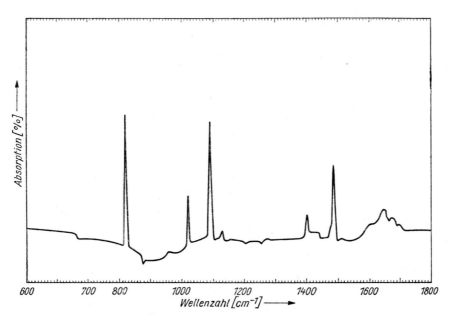

Bild 79   IR-Spektrum für Ü$_{78}$

Ü$_{78}$. Anhand des IR-Spektrums (Bild 79) einer organischen Substanz und unter Verwendung der Tabelle 23 ist zu entscheiden, ob der Substanz die Struktur *I*, *II* oder *III* zukommt.

Ü$_{78}$

Die Strukturen *I* bis *III* sind zu benennen.

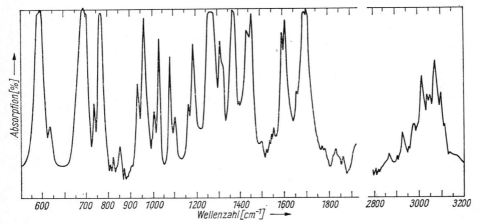

Ü₇₉. Es wurde versucht, Benzol durch FRIEDEL-CRAFTS-Acylierung mit Acetylchlorid umzusetzen. Zur Kontrolle von Erfolg oder Mißerfolg der Synthese wurde ein IR-Spektrum des Endprodukts angefertigt.
Anhand des vorliegenden IR-Spektrums (Bild 80) und unter Verwendung der Tabelle 23 ist zu entscheiden, ob die Synthese erfolgreich verlaufen ist.

Bild 80   IR-Spektrum für Ü₇₉

Die Reaktionsgleichung der FRIEDEL-CRAFTS-Acetylierung ist zu formulieren.
Gleichzeitig notiere man sich sämtliche Banden des Spektrums, die man deuten konnte, hinsichtlich chemischer Gruppe, Bandenlage (in cm^{-1}), Intensität (stark, mittel, schwach) und Form (scharf, unscharf, breit).

Ü₈₀. Äthan wurde mit Chlor im Überschuß chloriert. Von einer der chlorreichsten Fraktionen wurde ein IR-Spektrum angefertigt, das darüber Auskunft geben soll, ob die Fraktion die Struktur *I* oder *II* besitzt.

Anhand des vorliegenden IR-Spektrums (Bild 81) und unter Verwendung der Tabelle 23 ist zu entscheiden, ob die untersuchte Fraktion Struktur *I* oder *II* besitzt.

7.3. IR-Spektroskopie

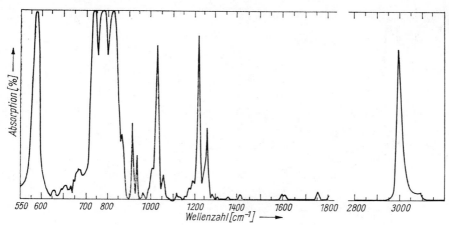

Bild 81 IR-Spektrum für Ü$_{80}$

Gleichzeitig notiere man sich sämtliche Banden des Spektrums, die man deuten konnte, und zwar hinsichtlich chemischer Gruppe, Bandenlage (in cm^{-1}), Intensität (stark, mittel, schwach) und Form (scharf, unscharf, breit).
Die beiden Formeln *I* und *II* sind zu benennen.

Ü$_{81}$. Eine Verbindung besitzt die Summenformel C$_3$H$_6$O. Für diese Summenformel ist eine Reihe von Strukturformeln denkbar:

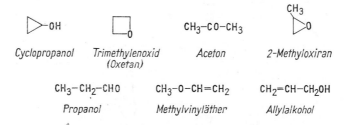

Anhand des vorliegenden IR-Spektrums (Bild 82) und unter Verwendung der Tabelle 23 ist zu entscheiden, welche der zahlreichen Alternativstrukturen zutrifft.
Gleichzeitig notiere man sich sämtliche Banden des Spektrums, die man deuten konnte, und zwar hinsichtlich chemischer Gruppe, Bandenlage (in cm^{-1}), Intensität (stark, mittel, schwach) und Form (scharf, unscharf, breit).

Ü$_{82}$. Die Identität oder Nichtidentität zweier organischer Polymerer soll auf spektroskopischem Wege geprüft werden.
Die vorliegenden zwei IR-Spektren (Bilder 83a und b) sind mit dem Ziel zu vergleichen, Identität oder Nichtidentität der Spektren und damit der entsprechenden Polymeren festzustellen.

188   7. UVS- und IR-Spektroskopie

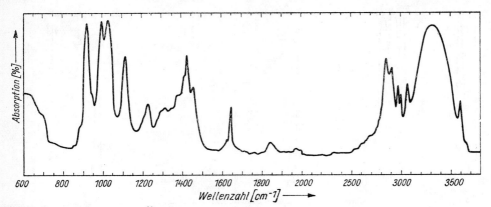

Bild 82   IR-Spektrum für Ü$_{81}$

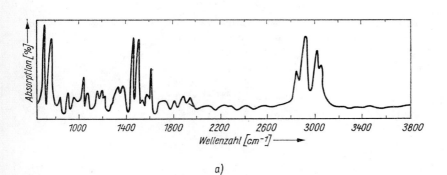

a)

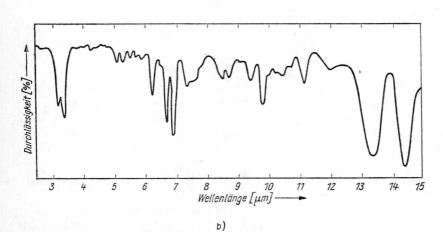

b)

Bild 83   IR-Spektrum für Ü$_{82}$

7.3. IR-Spektroskopie

Beachte: Beide IR-Spektren sind mit unterschiedlichen Spektrometern aufgezeichnet worden; Ordinaten- und Abszissenachsen haben deshalb voneinander abweichende Bedeutung (%-Durchlässigkeit und %-Absorption ergeben addiert für jede Wellenzahl bzw. Wellenlänge jeweils 100%, d. h. bei 90% Absorption beträgt die Durchlässigkeit 10%)!

$\ddot{U}_{83}$. Eine Verbindung besitzt die Summenformel C_4H_9N. Folgende Strukturformeln stehen für die genannte Verbindung zur Diskussion:

$CH_2=CH-(CH_2)_2-NH_2$ [Pyrrolidin ring with N-H]   [Azetidin ring with $N-CH_3$]

1-Aminobuten-(3)   Pyrrolidin   1-Methylazetidin

Anhand des vorliegenden IR-Spektrums (Bild 84) und unter Verwendung der Tabelle 23 ist zu entscheiden, welche der Alternativstrukturen zutrifft.

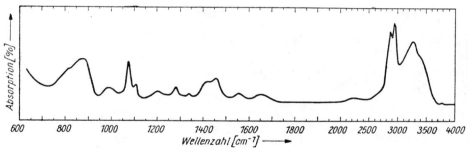

Bild 84 IR-Spektrum für $\ddot{U}_{83}$

(entnommen aus SIMON-CLERC, Strukturaufklärung organischer Verbindungen mit spektroskopischen Methoden, Akademische Verlagsgesellschaft, Frankfurt/Main)

Gleichzeitig notiere man sich die Banden des Spektrums, die man deuten konnte, und zwar hinsichtlich chemischer Gruppe, Bandenlage (in cm^{-1}), Intensität (stark, mittel, schwach) und Form (scharf, unscharf, breit).

$\ddot{U}_{84}$. Für eine organische Substanz mit der Summenformel C_7H_9N stehen folgende Strukturformeln zur Diskussion:

o-Toluidin   m-Toluidin   p-Toluidin   N-Methylanilin

Anhand des vorliegenden IR-Spektrums (Bild 85) und unter Verwendung der Tabelle 23 ist zu entscheiden, welche der Alternativstrukturen zutrifft.

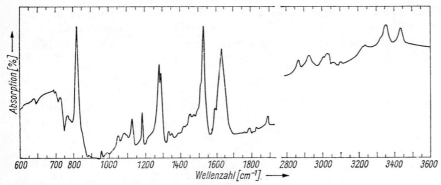

Bild 85 IR-Spektrum für Ü$_{84}$

Gleichzeitig notiere man sich die Banden des Spektrums, die man deuten konnte, und zwar hinsichtlich chemischer Gruppe, Bandenlage (in cm^{-1}), Intensität (stark, mittel, schwach) und Form (scharf, unscharf, breit).

Ü$_{85}$. Unter Verwendung der Tabelle 23 überlege man, durch welche spezifischen Unterschiede sich die IR-Spektren innerhalb folgender Gruppen von Verbindungen bzw. der Ausgangs- und Endprodukte einer Reaktion auszeichnen werden:
Alle auftretenden Substanzen sind rationell zu bezeichnen.

$$CH_3-C\equiv C-CH_2-CH_3 \;;\; CH_2=CH-CH_2-CH=CH_2$$

7.3.4. Lösungen

Aufgenommen wurden nur Lösungen von Aufgaben, die anhand vorliegender IR-Spektren zu erarbeiten waren, d. h. also nicht Lösungen der Übungen 74 und 85. Andere Aufgaben, wie Benennung chemischer Verbindungen oder Voraussagen über charakteristische Unterschiede in den Spektren zweier oder mehrerer Verbindungen ähnlicher Struktur oder gleichen Molekulargewichts wurden hier nicht berücksichtigt!

Ü$_{68}$: Diphenylamin
Ü$_{69}$: p-Nitrobrombenzol
Ü$_{70}$: Cyanessigsäureäthylester
Ü$_{71}$: Tetrahydrofurfurylalkohol
Ü$_{72}$: m-Nitrobenzoesäureäthylester

Ü$_{73}$: 3-Aminopyridin
Ü$_{75}$: trans-Stilben
Ü$_{76}$: Methylcyclopentan
Ü$_{77}$: p-Aminoacetophenon
Ü$_{78}$: p-Dichlorbenzol
Ü$_{79}$: Acetophenon
Ü$_{80}$: Pentachloräthan
Ü$_{81}$: Allylalkohol
Ü$_{82}$: beide Spektren sind identisch (Polystyrol)
Ü$_{83}$: Pyrrolidin
Ü$_{84}$: p-Toluidin

7.4. Kontrollfragen

1. Leiten Sie aus der Definition $E = \lg \frac{I_o}{I}$ die entsprechenden Werte für E ab, wenn der Meßstrahl

   a) zu 100%

   b) zu 0%

   absorbiert wird.

2. Erklären Sie dann, warum es nicht möglich ist, daß ein Spektrometer solche Banden, die sich in der Extinktion E um mehrere Größenordnungen unterscheiden, in Form einer einzigen Kurve auf Spektrenpapier des Formats A4—6 genau aufzeichnet!

3. Man mache sich klar, wie sich die Gesamtansicht eines Spektrums ändert, wenn es einmal wellenlängen- und einmal wellenzahlenlinear aufgetragen wird!

4. Unter Verwendung der Übersicht chromophorer Gruppen überlege man, ob auch Alkohole R—O—H als UVS-Lösungsmittel verwendbar sind!

5. Warum sind die Absorptionsbanden im UVS-Bereich wesentlich breiter als im IR-Bereich?

6. Was ist zu beachten, wenn das IR-Spektrum einer festen Substanz in Lösung aufgenommen werden soll?

7. Welche Bedeutung haben die charakteristischen Gruppenfrequenzen in der IR-Spektroskopie?

8. Chemikalienverzeichnis

Die hier aufgeführten Substanzen sind über den Fachhandel zu beziehen. Ausnahmen sind folgendermaßen gekennzeichnet:*; diese Substanzen werden in einer der Übungen hergestellt bzw. sind in Vorbereitung des Praktikums von Literaturpraktikanten präparieren zu lassen.

Acetanilid
Acetessigsäureäthylester
Aceton
Acetylchlorid
Acrylnitril
Adipinsäure
Äthanol, 96% und absolut
Äthylenglykol
Aktivkohle
Allylbromid
Alizarin
Aluminiumchlorid, wasserfrei
Aluminiumoxid zur Chromatographie
Aluminiumoxid zur Dünnschichtchromatographie
p-Aminobenzoesäureäthylester*
Ammoniak, konz. und verd.
Ammoniumchlorid
Anilin
Anthracen
Anthranilsäure
Antipyrin*

Benzaldehyd
Benzamid
Benzilsäure*
Benzin
Benzoesäure
Benzoesäure-m-toluidid*
Benzoin*
Benzoinoxim*
Benzol (auch thiophenfrei)
Benzolsulfochlorid
Benzoylchlorid
Benzylamin
Benzylcyanid
Bernsteinsäure
Bernsteinsäureanhydrid
Bleiacetat
Bleiacetatpapier
Bortrifluoridätherat
Brom
p-Brombenzoesäure
p-Bromphenacylbromid
N-Bromsuccinimid*
n-Butanol

8. Chemikalienverzeichnis

Calciumc... ..., wasserfrei
Chinolin
p-Chinon*
o-Chlorbenzoesäure
p-Chlorbenzoesäure
Chlorbenzol
Chloressigsäure
Chloroform
Chlorsulfonsäure
Chromsäureanhydrid
Cyanessigsäureäthylester
Cyclohexadien-(1.3)*
Cyclohexan
Cyclohexanol
Cyclohexanon
Cyclohexanonoxim*
Cyclohexanonphenylhydrazon*
Cyclohexen*

Dekalin
Diäthyläther
Diäthylenglykol
1.2-Dibromcyclohexan*
N,N-Dimethylanilin
Dimethylformamid
m-Dinitrobenzol
3.5-Dinitrobenzoylchlorid*
2.4-Dinitrochlorbenzol*
2.4-Dinitrophenylhydrazin*

Eisen(III)-chlorid
Eisenpulver
Eisen(II)-sulfat
Eosin
Essigsäure
Essigsäureäthylester
Essigsäureamylester
Essigsäureanhydrid

Fluorescein

Galaktose
Glycerin

Harnstoff
n-Hexan
n-Hexanol
n-Hexyljodid*
Hydrazinhydrat-Lösung
Hydrochinon
Hydroxylamin-hydrochlorid

Jod

Kaliumbichromat
Kaliumbromid
Kaliumhydroxid
Kaliumjodid
Kaliumnitrat
Kaliumpermanganat
Kongorot
Kupferdraht oder -blech

Lackmuspapier, rot und blau
Ligroin

Magnesiumspäne
Malachitgrün*
Maleinsäureanhydrid
Malonsäure
Mandelsäure
Mannose
Methanol
Methyljodid
Methylorange*
Methylviolett B*

Naphthalin
α-Naphthoesäure
β-Naphthoesäure
β-Naphtholorange*
α-Naphthylisocyanat*
Natrium
Natriumacetat
Natriumbichromat
Natriumcarbonat
Natriumchlorid

Natriumhydrogencarbonat
Natriumhydroxid
Natriumnitrit
Natriumsulfat, wasserfrei
Nickellegierung nach RANEY
o-Nitrobenzoesäure
m-Nitrobenzoesäure
Nitrobenzol
p-Nitrobenzoylchlorid*
p-Nitrophenol
p-Nitrophenylhydrazin
3-Nitrophthalsäureanhydrid*

Oxalsäure

Pentaacetylglucose*
Petroläther, alle Fraktionen
Phenacylbromid*
Phenolphthalein
Phenylharnstoff
Phenylhydrazin
Phenylisocyanat*
Phosphor, rot
Phosphorpentoxid
Phosphorpentachlorid
Phthalsäure
Phthalsäureanhydrid
Pikrinsäure
Polyäthylenoxidharz, VEB Chemische Werke Buna
Polyphosphorsäure*
iso-Propanol
Pyridin

RAMSEY-Fett
RANEY-Nickel-Legierung
Rhamnose

Salicylsäure-p-bromphenacylester*
Salpetersäure, konz. (D 1,40)
Salpetersäure, rauchend (D 1,52)
Salzsäure, konz. (D 1,19) und verd.
SCHIFF-Reagens
Schwefel
Schwefelkohlenstoff
Schwefelsäure, konz. (D 1,84) und verd.
Semicarbazidhydrochlorid
Silbernitrat
Siliconöl
Sulfanilsäure

Terephthalsäure
Tetrachloräthan
Tetrachlorkohlenstoff
Tetrahydrocarbazol*
Tetralin
Thioharnstoff
Thionylchlorid
TOLLENS-Reagens
o-Toluidin
p-Toluidin
Toluol
p-Toluolsulfochlorid
p-Toluolsulfonsäure
p-Toluolsulfonsäuremethylester*
Triphenylchlormethan

Wasserstoffperoxid (30%ig)

o-Xylol
Xylose

Zimtsäure
Zinkchlorid, wasserfrei
Zinkpulver
Zinn

9. Namen- und Sachverzeichnis

Abbau der Säureamide, HOFMANNscher 96
ABBE-Refraktometer 66f.
Abfälle 22
Absorptionsbanden 150, 176
Absorptionsintensität 149
Absorptionslinien 150
Absorptionsmaximum 151
Absorptionsspektrum 149
Absorptionswellenlänge 152
Abzug 21f.
Acetal 89
Acetalbildung 90
Acetaldehyd 24
Acetamide 127
p-Acetamino-benzolsulfochlorid 84
Acetate 123
Acetessigsäureäthylester-äthylenketal 90
Acetylen 24
Acetylierung 86
Acetylnitrat 24
Acidität 79
Acrolein 24
Acrylnitril 24
Acrylsäure, -ester 24
Acylierung 83
Addition, elektrophile 79
—, —, an Alkene 79
—, nucleophile 88
—, radikalische 80

Addition, radikalische, an Alkene 81
Adsorbens 61f.
Adsorption, reversible 65
Adsorptionschromatographie 61
Adsorptionsgleichgewicht 61
Adsorptionsisotherme 61, 65
Adsorptionsmittel 65f.
Adsorptionsprinzip 61, 65
Adsorptionsrohr 68
Adsorptionssäule 66
Aktivator 97
Aldehyde 120, 124
Aldehyde, Derivate der 138
—, physikalische Daten 138
Aldoladdition 89
Aldolkondensation 89
Aldolreaktion 91
Aliphaten, physikalische Daten und Derivate 147
Alkalimetalle 21ff.
Alkohole 119, 122
—, Derivate der 136
—, physikalische Daten 136
Alkoholeinfluß 20
Alkylierung 83
S-Alkylisothiuroniumpikrate 130
Alkylrest, hydrophober 36
Allylstellung 72
Aluminiumoxid 61, 63, 65
Ameisensäure 24
Amide 92, 120

Amine 24, 119, 127
—, primäre 127
—, —, Derivate der 142
—, —, physikalische Daten 142
—, sekundäre 127
—, —, Derivate der 142
—, —, physikalische Daten 142
—, tertiäre 129
—, —, Derivate der 144
—, —, physikalische Daten 144
Ammoniak 24
Anhydride, gemischte 92
Anilide 131
Anilin 101
Anionotropie 94
Anregungsarten 148
Anregungszustand 148
ANSCHÜTZ-THIELE-Vorstoß 53f., 75
Anthrachinon 104, 106
Apparatur, Auf- und Abbau einer 13
Arbeitsmethoden, physikalisch-chemische 148
Arbeitsschutz 20
Arbeitsvorschrift 20
Aromaten, aktivierte 86
—, physikalische Daten und Derivate 147
Aroylbenzoesäuren 132
Atemschutzgerät 21
Äther 22, 24
Ätherraum 22, 58
Äthinylierung 89
Äthylenoxid 24
Atombindung, polarisierte 73
Aufschlämmung 66
Aussch ütteln 57f.
Autoklav 101
Autorenregister 111
AVOGADROsches Gesetz 56, 60
Azeotrop 55
Azomethingruppe 100, 102

BAEYER-Probe 117
Bandenintensität 152
Bandenlage 152
BECKMANN-Umlagerung 95
BEILSTEIN-Probe 116
Benzamide 128
p-Benzochinon 104

Benzoesäureäthylester 93
Benzoesäureester 122f.
—, physikalische Daten 144
Benzol 24
Benzolperoxid 24, 97
Benzolsulfonamide 128
N-Benzylamide 127
Benzylbromid 71
Beobachtungsfernrohr 67
Beschriftungen 20
Besprühen 64
π-Bindung 82
σ-Bindung 79
Bindungsspaltung 69
Bisulfitaddukt 89
Bisulfitverbindung 135
Blausäure 24
Bleiverbindungen 24
Böden, theoretische 52
BOËTIUS-Mikroheiztisch 31f.
Brandbekämpfung 23
Brandschutz 20, 22
Brechung 65
Brechungsindex 66f.
Brennprobe 115
Brom 24
m-Brombenzoesäure 86
3-Brom-cyclohexen 72
Bromierung 86
p-Bromphenacylester 125ff.
Bunsenbrenner 46

ε-Caprolactam 95
Carbanion 98
Carbazol 106
Carben 76
Carbide 24
Carboniumion 76, 79, 83, 88, 95, 98
—, cyclisches 79
—, ebenes 74
—, thermodynamisch stabilstes 80
Carbonsäurederivate 125
Carbonsäureester 126
Carbonsäuren 125
—, aromatische 105
—, Derivate der 140
—, physikalische Daten 140

9. Namen- und Sachverzeichnis

Carbonylgruppe 88, 91, 100, 102
Cellulose 61, 65
Charakterisierungsreaktionen 113, 115, 118, 122
Chemikalien, gefährliche 23
Chinone 104
Chlor 24
Chloral 24
Chloranil 107
Chlorkohlensäureester 24
Chlorsulfonierung 83, 86
Chromatographie 60
Chromophor 150 ff.
Chromsäure 25
CLAISEN-Aufsatz 13
CURTIUS, TH. 95
Cyanacetamid 93
Cyanhydrin 89
Cyanide 25
Cyanwasserstoff 25
Cycloaddition 80
Cycloaliphaten, Derivate der 147
—, physikalische Daten 147
Cyclohexadien-(1.3) 78
Cyclohexanonoxim 90
Cyclohexanon-phenylhydrazon 105
Cyclohexen 78

Dampfdruck 40 f., 43
Dampfdruckkurve 40, 43
Dampfdruck-Temperatur-Diagramm 28 f.
Dampfkanne 57
Dampfüberhitzung 46
Deformationsschwingungen 176
Dehydratisierung 77
Dehydrierung 102 ff.
—, katalytische 104
—, oxydative 104
Derivate 122
Destillation 43 f., 132
—, einfache 43 ff., 48 ff., 54
— unter Normaldruck 43 f., 46, 48, 54
— im Vakuum 43, 45, 48
Destillationsapparatur 13, 46 f.
Destillationsaufsatz 44 f.
Destillationskolben 13, 47
Destillationskolonne 49
Destillationsrückstand 47

DEWAR-Gefäß 21
Diacetylperoxid 97
Diazomethan 25
Diazoverbindungen 25
Dibenzalaceton 91
1.2-trans-Dibromcyclohexan 80
1.3-Dibrompropan 82
Dielektrizitätskonstante 36
DIELS-ALDER-Addukt 81
Dien 80
Diensynthese nach DIELS-ALDER 80
Dimerisation 70
Dimethylsulfat 25
DIMROTH-Kühler 15
3.5-Dinitrobenzoesäureester 122 f., 126
2.4-Dinitro-chlorbenzol 84
2.4-Dinitrophenylhydrazin 87
2.4-Dinitrophenylhydrazone 124
Dipol, magnetischer 69
Dipolmoment 36
Disproportionierung 70, 97
Dissoziationsenergie 69, 73
Doppelprisma 67
Dreihalsrundkolben 18
Druckausgleich 57
Druckgas 21
Druckgasflaschen 22
Druckminderventil 21
Dünnschichtchromatographie 60 f., 65 f.

Edelmetallkatalysatoren 100
I-Effekt 83
M-Effekt 83
Effekt, bathochromer 151
Elaste 98
Elektronenanregung 148
Elektronendonator 79
Elektronensextett 95
Elektronenspektroskopie 148
Elektronenspektrum 149 f.
π-Elektronenwolke 83, 86
Elektrophilie 79
Eliminierung 74, 76
α-Eliminierung 76
β-Eliminierung 76
Eliminierung, bimolekulare 77
—, monomolekulare 76 ff.

Elution 65
Elutionsmittel 66, 68
Empfängersystem 149
Enole 119
Entkopplung von Elektronenpaaren 69
Entlüftungshahn 22
Entwicklungskammer 63
ERLENMEYER-Kolben 21
Erstarrungspunkt 37
Erste Hilfe 23
Erstsubstituent 83
Essigsäureester, physikalische Daten 144
Ester 92, 120
Esterkondensation 92
eutektische Schmelze 30
— Temperatur 29 ff.
Extinktion 150, 152
Extinktionskoeffizient 150
Extraktion 55, 57 ff., 132 f.
Extraktionsmittel 57 ff.

Fadenkreuz 67
Farbigkeit 151
Farbstoffe, Trennung der 64, 68
Farbstoffgemisch 64, 68
Farbzone 68
Fasern, synthetische 98
FEHLINGsche Lösung 107
Feuerlöscher 23
finger-print-Bereich 176 f.
FISCHER, E. 95
Flüssigkeits-Dampf-Gleichgewichte 43, 46, 51
Formelregister 109 f.
Fremdionen 62
Fremdradikale 97
FRIEDEL-CRAFTS-Acylierung 93 f.
FRIEDEL-CRAFTS-Reaktionen 86

Gammexan 82
Gaschromatographie 60, 65
Gaseinleitungsrohr 18
Gasometer 101
Gegenstromdestillation 49, 51
Gemisch, azeotropes 71, 133
—, binäres 49
Gemische, explosive 22
—, Trennung der 132

Gerätekunde 13
Gesetz von AVOGADRO 56, 60
— von NERNST 61
Gitter 149
Glasröhren 20
Glasstäbe 20
Glockenbodenkolonne 51, 55
Grenzwinkel 67
Grundzustand 148
Gruppen, chromophore 151
—, funktionelle 100
—, hydrophile 36
Gruppenfrequenzen, charakteristische 177 f.

Halbmikromaßstab 114
Halogenierung 83
Halogenkohlenwasserstoffe 25, 121, 130
—, aliphatische, Derivate der 145
—, —, physikalische Daten 145
—, aromatische 131
—, —, Derivate der 146
—, —, physikalische Daten 146
—, mehrfach halogenierte, physikalische Daten 146
Halogenwasserstoffe 25
Harzbad 15
Hauptfraktion 53
Hauptlauf 47
Heizbäder 22
Heizquellen 14
Helianthin 85
HESSscher Wärmesatz 70
n-Hexyljodid 74
HILL, R. 110 f.
Hinderung, sterische 77
HOCK-Phenolsynthese 95
HOFMANN, A. W. 95
HOLLEMANN-Orientierungsregeln 83
Homolyse 69
Hydrat 89
Hydrazin 25
Hydrazobenzol 25
Hydrazon 89
Hydride 25
Hydriergefäß 101 f.
Hydrierung 100
—, katalytische 100

9. Namen- und Sachverzeichnis

Hydrierung, quantitative 102
Hydrierungsapparatur 100 f.
Hydrolyse 92

Identifizierungen 113, 115
Identifizierungspraktikum 114
Identitätsprüfung 177
Impfkristall 39
Indolsynthese 95
Infrarotspektroskopie 148, 176
Inhibitor 70, 97 f.
Initiatoren 96 f.
Inversion 74 f.
IR-Spektroskopie 148, 176
Isocyanate 25
Isonitrile 25
Isopropyliumion 80

Jod 25

Kältemischung 15
Katalysatoren 96 f.
Kationotropie 94
Kautschuk, synthetischer 98
Kegelschliff 13
Ketal 89
Ketone 120, 124
—, Derivate der 139
—, physikalische Daten 139
Kettenabbruch 97 f.
Kettenreaktion 70
Kieselgel 65
Kieselgur 61
Knallgasprobe 102
KOFLER, L. 32
Kohlenmonoxid 25
Kohlensäurelöscher 23
Kohlenwasserstoffe 25, 121, 130
—, aliphatische 130
—, aromatische 132
Kompensator 67
Komplementärfarbe 151
π-Komplex 79, 83
σ-Komplex 83
Komponente, dienophile 80
KPG-Rührer 16, 18
Kristallgröße 37

Kristallisation 35
—, fraktionierte 38
Kühler 15
Kugelkühler 15
KUHN, R. 60
Kunststoffe 98
Kupplung 83

LAMBERT-BEERsches Gesetz 150, 153
LASSAIGNE-Probe 116
Laufmittel 62 f., 66
Laufstrecke 62
LEWIS-Basen 88, 91
LEWIS-Säure 79 f., 83, 86, 91, 97
Lichtintensität 149
Lichtquelle 149
LIEBIG-Kühler 13, 15
Literaturpräparate 108
Literaturstudium 108 f.
Lösevermögen 36
Löslichkeit 117
Löslichkeitskurve 35
Lösungsmittel 38
Lösungsmitteleinschlüsse 37
Lösungsmittelfront 62, 64
Luftbad 15

Magnetfeld 69
Magnetrührer 101 f.
Makroradikale 97
Manometer 22, 46 f.
MARKOWNIKOW-Regel 80, 82, 98
Mehrzentrenreaktion 95
Meßstrahl 149
Metallstativ 14
Methanol 25
Methodenregister 109
Methojodide 129
Methotosylate 129
Methylorange 85
Mikroheiztisch 31 f.
Mischschmelzpunkt 28, 33
Mischungen, azeotrop siedende 51
Mischungskomponenten 49
Mörser 31
Molekülschwingungen 176
Molenbruch 49 f.

Monochromator 149
Monosaccharide 64
Mutterlauge 38

Nachlauf 47f.
Naphthochinon 104
Naphthylamin 25
α-Naphthylurethane 122f.
Natriumamid 25
Nernstsches Gesetz 61
Nicotin 26
Nitrierung 83
Nitrile 120
Nitrilgruppe 100, 102
Nitrite 26
p-Nitrobenzoesäureester 122f.
Nitroglycerin 26
Nitrogruppe 100, 102
Nitrohexan 75
3-Nitrohydrogenphthalate 122
p-Nitrophenylhydrazone 124
Nitrosierung 83
Nitrosogruppe 100, 102
Nitroverbindungen 26, 121, 127, 129
—, Derivate der 145
—, physikalische Daten 145
Niveaugefäß 101
Normalschliff 13

Ölbad 15, 17, 22
Oktett 95
Olefine, physikalische Daten und Derivate 147
Originalliteratur 109, 111f.
Oxalsäure 26
Oxim 26, 89, 124
Oxydation 102
— von Aldehyden 103
— von Alkoholen 103
— von Aromaten 104
— von Kohlenwasserstoffen 103
Oxydationsmittel 102, 104
—, selektives 103

Papierchromatographie 60
Paraffinbad 22
paramagnetisch 69
Partialdruck 49f.
Perchlorsäure 26

Perforation 57
Permanganat 26
Peroxidbildung 23
Peroxide 69
—, organische 99
Peroxid-Effekt 82
Peroxidprobe 23
Petroläther 22
Phase, mobile 61, 65f.
—, stationäre 61, 65
Phasendiagramm 29, 40
Phenacylester 125ff.
Phenole 26, 119, 123
—, Derivate der 137
—, physikalische Daten 137
Phenoxyessigsäuren 123
Phenylessigsäure 94
Phenylthioharnstoffe 128
Phenylurethane 122f.
Philodien 80
Phosgen 23, 26
Phosphor 26
Phosphorsäureester 26
Phosphorwasserstoff 26
Photolyse 69
Pikrate 128f., 132
Pinakolon-Umlagerung 95
Pistill 31
Plancksches Wirkungsquantum 148
Plaste 98
Polarisierbarkeit 88, 91
Polyacrylnitril 98f.
Polyäthylen 98
Polybutadien 98
Polymerisation 96
—, anionische 97f.
—, ionische 99
—, kationische 97
—, radikalische 97, 99
Polynitroverbindungen 129
Polystyrol 98
Polyvinylacetat 98
Polyvinylchlorid 98
Primärkristallisat 38
Prisma 149
Propyliumion 80
Protonensäure 79

9. Namen- und Sachverzeichnis

Prototropie 94
Pyridin 26
pyrophore Stoffe 22

Quecksilber 21, 26
Quecksilberverbindungen 26

Racemat 75
Racemisierung 74
Radikal 69, 73
Radikalbildung 69, 70, 72
Radikalfänger 97
Radiolyse 69
RAMSAY-Fett 14
RANEY-Nickel 22
RANEY-Nickel-Katalysator 101
RAOULTsches Gesetz 29, 49 ff.
Reagens, nucleophiles 76
Reagenzien, elektrophile 83
E 2-Reaktion 77
$S_N 1$-Reaktion 73 f.
$S_N 2$-Reaktion 73 f., 77
Reaktionen, nucleophile 89 f.
—, —, an Aldehyden und Ketonen 88
—, —, der Carbonsäuren und Derivate 91 f.
rearrangement 94
Refraktometrie 66 f.
Rekombination 70
Rektifikation 49
— unter Normaldruck 52, 54
— im Vakuum 53, 55
retention factor 62
RICHTER, M. M. 110 f.
Rotation der Moleküle 148
Rotations-Schwingungs-Spektren 149, 176
Rotationsspektren 149
Rückhaltequotient 62
Rückflußkühler 17 ff.
Rühren 15 f.
Rundkolben 17, 19

Salpetersäure 26
salpetrige Säure 26
Salpetrigsäurehexylester 75
Sauerstoff 26
Sauerstoffflasche 22
Säule 66
Säulenchromatographie 60, 65 f.

Säureabbaureaktionen 95
Säureamide 125, 127
Säureanhydride 118, 126
Säureanilide 125
Säure-Basen-Theorie nach LEWIS 91
Säurebromide 27
Säurechloride 27, 126
Säurederivate, Reaktivitätsreihe der 94
Säurehalogenide 118
Säureimide 127
Säuren 118
Säurenitrile 127
Scheidetrichter 16, 58
Schichtdicke 150
SCHIFFsche Base 89 f.
Schleppmittel 19
Schliffgeräte 13
Schmelzdiagramm 29
Schmelzintervall 29, 33
Schmelzdruckkurve 40
Schmelzpunkt 28
SCHMIDT, K. F. 95
Schneerohr 23
Schüttelgefäß 58
Schutzbrille 21, 47, 53, 82, 84, 116, 129
Schutzhandschuhe 21
Schutzkappe 21
Schwefel 27
Schwefelkohlenstoff 27
Schwefelwasserstoff 27
Schwingungen 148
Sedimentation 67
Semicarbazon 89, 124
Sextettumlagerung 95 f.
Sicherheitsgefäß 22
Sicherheitsvolumen 46
Siedediagramm 50
Siedekapillare 13, 18, 46
Siedepunkt 43, 134
Siedesteine 45
Siedetemperatur 44
Siedeverzug 15, 45 f.
SLOTTA-Apparatur 42
Spektrometer 149, 176
Spektrum, substanzspezifisches 152
—, umgezeichnetes 153
Splitterfangnetz 21

Sprühapparat 64
Sprühreagenzien 61, 65
Stabilisatoren 97
Stahlflaschen 21
Standardapparaturen 17 ff.
Stärke 61, 65
Startlinie 63
Startpunkt 62 f.
Startreaktion 97
stereospezifisch 77
Stickoxide 27
Stopfen 20
Strahlengemisch 149
Strahlung, elektromagnetische 148
—, infrarote 176
Strahlungsarten 148
Strukturzuordnungen 152
Sublimat 26
Sublimation 35, 40
— unter Normaldruck 42
Sublimationsdruck 40
Sublimationsgeschwindigkeit 41 f.
Sublimationspunkt 41
Sublimationstemperatur 41
Substanzfleck 62
I-Substituenten 79
M-Substituenten 79
Substituenten erster Ordnung 84
— zweiter Ordnung 84
Substitution 70
—, elektrophile 83
—, —, an Aromaten 83
—, nucleophile 73, 76, 86
—, —, am aktivierten Aromaten 86
—, —, am gesättigten Kohlenstoffatom 73
—, radikalische, an Alkanen 69
Sulfonamide 131 f.
Sulfonierung 83
Sumpfthermometer 18
Synthese, organische 69
System, chinoides 104
— von HILL 110 f.
— von RICHTER 110 f.

Tauchlampe 82
Tetrahydrocarbazol 96
Tetralöscher 23

Thermolyse 69
Thermometer 13, 17, 20
THIELEscher Schmelzpunktsapparat 31
Toluolsulfochloride 27
p-Toluolsulfonamide 128
Tonplatte 16
Totalreflexion 67
Träger 61
Trennung von Farbstoffen 64, 68
—, säulenchromatographische 65
— von Zuckern 64
Tripelpunkt 40 f.
Triphenylcarbinol 75
Triphenylmethylchlorid 85
Tritylchlorid 85
Trockenmittel 16
Trockenpistole 16
Trockenrohr 17 f.
Trockenschrank 16, 22
Tropftrichter 18
TSWETT, M. 60
Tubus 67
Tüpfelplatte 31

Übergangszustand 74, 77
Überhitzung 45
Umkristallisieren 35, 39, 84
Umlagerung 74, 94
—, nucleophile 94
—, radikalische 94
UV-Lampe 64, 71
UVS-Spektren, Auswertung der 152
UVS-Spektroskopie 148, 150

Vakuumdestillation 21, 47, 53
—, einfache 45 f.
Vakuumexsikkator 21
Vakuumschlauch 14, 47
Vakuumsublimation 40 ff.
Vakuumsublimationsapparatur nach SLOTTA 41
Valenzschwingungen 176
Ventil 22
Verätzung der Augen 71
Veresterung von Säuren 92
Vergleichsstrahl 149
Verschiebung, bathochrome 152

9. Namen- und Sachverzeichnis

Verteilungschromatographie 61
Verteilungskoeffizient 57, 59
Verteilungsprinzip 61
Verteilungssatz von NERNST 57
VIGREUX-Kolonne 52f., 75
Vorlage 13
Vorlagenwechsel 48
Vorlauf 47f., 53
Vorproben 113, 115, 122
Vorstoß 13

Wachstumsreaktion 97f.
WAGNER-MEERWEIN-Umlagerung 95
Wanderungsgeschwindigkeit 61f.
Waschflasche 17
Wasserabscheider 19
Wasserbad 14
Wasserdampfdestillation 49, 55, 57f., 132, 135
Wasserdampfflüchtigkeit 56f.
Wasserstoff 27

Wasserstoffbrücke, intramolekulare 56
Wasserstoffbrücken 177
Wasserstoffbrückenbindung 36, 135
Wasserstoffperoxid 27
Wasserstrahlpumpe 45ff.
Wasserstrahlvakuum 47
Wellenlänge 148f.
Wellenzahl 148f.
Wirkungsquantum 148
WOULFEsche Flasche 46f.

Ziellinie 63f.
Zone 66, 68
Zonenschmelzverfahren 35
Zucker 65
Zweihalskolben 18
Zweitsubstitution 83
Zwischenfraktion 53
Zwischenstufe 95
Zwitterion 88

14*